산학계몽 하
算學啓蒙 下

지은이 주세걸(朱世傑, 13C말~14C초)은 중국 원대(元代)의 수학자로서 자는 한항(漢卿), 호는 송정(松庭)이다. 산목(算木)을 사용하는 중국의 독자적 대수(代數)인 사원술(四元術)의 대성자이다. 저서로 『산학계몽(算學啓蒙)』, 『사원옥감(四元玉鑑)』이 있다.

옮긴이 허민은 서울대학교 수학교육과를 졸업하고 미국 코네티컷대학교에서 박사학위를 받았다. 현재 광운대학교 수학과 교수이다. 저서로『수학자의 뒷모습』이 있고, 역서로『영부터 무한대까지』, 『수학의 위대한 순간들』,『수학적 경험』 등이 있다.

산학계몽 하

2009년 2월 20일 1판 1쇄 인쇄
2009년 2월 26일 1판 1쇄 발행

지은이 _ 주세걸
옮긴이 _ 허민
펴낸이 _ 박성모
펴낸곳 _ 소명출판
등록 _ 제13-522호
주소 _ 137-878 서울시 서초구 서초동 1621-18 (란빌딩 1층)
대표전화 _ (02) 585-7840
팩시밀리 _ (02) 585-7848

somyong@korea.com | www.somyong.co.kr
ⓒ 2009, 한국학술진흥재단

값 17,000원

ISBN 978-89-5626-377-9 94410
ISBN 978-89-5626-374-8 (전3권)

산학계몽 하

筭學啓蒙 下

주세걸 지음 | 허민 옮김

소명출판

1. 다음 책에 실린 『산학계몽』 1299년 발간본을 번역 대본으로 삼았다.

    靖玉樹 編勘(1994), 『中國歷代算學集成』 上, 山東 人民 出版社, 濟南.

    위 책에 있는 『산학계몽술의』와 국립중앙도서관의 원문 정보 DB에 있는 『산학계몽』 관련 5종의 자료(청구기호 : 한古朝66-18, 古718-13, 일산古718-5, 한古朝66-55, 한古朝66-2)를 활용했다.

2. 각 문(門)은 처음부터 차례로 번호 ❶, ❷, ❸, … 을 붙였다. 이에 따라 상권 첫째 문인 종횡인 법문은 '하❶ 「지분제동문」'과 같이 참조하거나 인용했다. 그리고 하❶ 「지분제동문」의 셋째 문제에는 하-1-3과 같은 문항 번호를 부여했고, '문제 ≪하-1-3≫'과 같이 인용했다.

3. 일반적으로 다음과 같은 체제에 따라 편집했다.

    ☐☐☐☐ (네모 박스) 안에 문항 번호(예 : 하-1-3), 문제 번역문, 문제 원문 넣음

    답 → 답 번역문

    答曰 → 답 원문

    해법 → 풀이 번역문

    術曰 → 풀이 원문

    🍁 **역자 주해** : 해법에 대한 현대적인 용어와 기호를 이용한 설명과 주석

4. 원문의 주석(작은 글씨에 두 줄로 쓴 부분)은 모두 「…」 안에 넣어 표시했으며, 번역문에서도 「…」와 같이 나타냈다.

5. 문제 또는 해법에는 원문의 이해를 돕기 위해 필요한 말을 [⋯] 안에 넣기도 했다.

『산학계몽』하권은 5개의 문(門)으로 구성되어 있으며, 모두 75개의 문제가 실려 있다. 하권은 상·중권에 비해 고등 수학의 주제를 다루고 있는데, 그 내용은 다음과 같다.

❶ 지분제동문(之分齊同門) 9문(九問)

분수의 계산법을 다루는데, 주요 내용은 약분하는 약분술과 분수끼리의 가감승제인 합분술·감분술·승분술·경분술 및 평균을 구하는 평분술과 대소 비교의 과분술이다. 이것은 『구장산술』제1권 「방전」의 제5~24문과 관계있다.

❷ 퇴적환원문(堆積還源門) 14문(十四問)

똑같은 물건을 일정한 규칙에 따라 쌓거나 묶어 놓은 경우에 가장 아랫줄이나 둘레에 있는 물건의 개수를 이용해서 전체의 개수를 구하는 문제를 다루고 있다. 이에 따라 여러 가지 수열의 합, 즉 급수에 관한 연구 결과를 알아볼 수 있다.

여덟째부터 열셋째까지의 여섯 문제는 차례로 처음 여섯 문제의 역으로, 물건 전체의 개수 또는 부피가 주어진 경우에 가장 아랫줄이나 둘레에 있는 물건의 개수 또는 지름을 구한다. 이는 다항 방정식의 풀이가 필요한데, 이에 대해서는 이 책의 마지막 장인 「개방석쇄문」에서 다룬다.

❸ 영부족술문(盈不足術門) 9문(九問)

물건을 사는 데 필요한 돈을 사람 사이에서 갹출하는 것과 같은 문제를 다루고 있는데, 요즘은 연립 방정식으로 해결하는 문제를 당시의 '영부족술'로 다루고 있다. 이는 『구장산술』 제7권 「영부족」과 관계가 있는데, 그곳에서 연립 방정식과 관련된 제8권 「방정」과 분리해서 먼저 다루고 있다. 『산학계몽』에서도 이와 같다. 이는 영부족의 문제를 연립 방정식으로 이해하지 않았음을 보여준다.

❹ 방정정부문(方程正負門) 9문(九問)

여기의 문제들은 『구장산술』 제8권 「방정」에 있는 것과 같은 유형으로, 연립 일차 방정식의 풀이를 요구한다. 동아시아의 전통 산학에서는 이런 경우에, 산대를 이용해서 확대 계수 행렬을 만들고, (현재의 용어로) 기본 행 연산을 통해 답을 구한다. 이런 과정에서 음수가 자연스럽게 등장하고, 이의 연산을 위한 정부술(正負術)이 이용된다.

❺ 개방석쇄문(開方釋鎖門) 34문(三十四問)

첫째 문제에서는 일차항이 없는 평방(이차 방정식), 둘째 문제에서는 일·이차항이 없는 입방(삼차 방정식)을 증승개방법으로 풀고 있다. 즉, 제곱근과 세제곱을 구하는 방법을 자세하게 설명하고 있다. 다른 일반적인 경우는 구체적으로 설명하고 있지 않지만, 이런 방법을 그대로 활용하면 일반적인 평방과 입방은 물론 삼승방(사차 방정식)과 사승방(오차 방정식) 등

모든 승방(다항 방정식)을 풀 수 있다.

셋째 문제부터 일곱째 문제까지의 다섯 문제에서는 대분수를 가분수로 고치고 분모와 분자의 제곱근 또는 세제곱근 또는 네제곱근을 구한 다음에 답을 구하고 있다.

여덟째 문제부터는 천원술을 이용해서 문제 해결에 필요한 승방을 구하고 있다. 승방을 구한 것으로 만족하고 있으며, 승방의 풀이 과정은 제시하지 않고 있다.

부록으로 『산학계몽술의』 하권에 등장하는 망해도술 두 문제를 주해해서 실었으며, 『산학계몽』 하권에 등장하는 다항 방정식을 정리해서 첨부했다.

2008년 6월
옮긴이

산학계몽 하 __ 차례

지분제동문 아홉 문제

之分齊同門 九問

여기서는 분수의 계산법을 다루는데, '제동(齊同)'은 분모가 서로 다른 분수에서 분모의 공통분모를 찾아(同) 각 분자에 적절하게 곱하는(齊) 과정으로, 곧 통분하는 과정을 말한다.

주요 내용은 약분하는 약분술과 분수끼리의 가감승제인 합분술 · 감분술 · 승분술 · 경분술 및 평균을 구하는 평분술과 대소 비교의 과분술이다. 이것은 『구장산술』 제1권 〈방전〉의 제5~24문과 관계 있는데, 같은 유형의 문제를 선으로 표시하면 아래의 표와 같다. 〔문항 번호는 각 문(門)에 나열된 순서에 따라 매겼다. 대광전술은 대분수끼리의 곱셈 방법이다.〕

자연수와 분수의 곱셈	분수로 나타내기	대광전술	승분술	경분술	평분술	과분술	감분술	합분술	약분술
9		22 23 24	19 20 21	17 18	15 16	12 13 14	10 11	7 8 9	5 6
			—	—	—	—	—	—	—
9	8		7	6	5	4	3	2	1

(좌측 행 표제: 『구장산술』 제1권 「방전」 제5~24문 / 『산학계몽』 하권 「지분제동문」 9문)

하-1-1. 지금 $\dfrac{21}{56}$ 이 있다. 약분하면 얼마인가?

今有五十六分之二十一 問約之幾何

답 $\dfrac{3}{8}$

答曰 八分之三

해법 먼저 분모 56을 윗자리에 놓고, 다음에 분자 21을 아랫자리에 놓는다. 분자를 분모에서 두 번 빼면 14가 남는다. 다시 분모(14)를 분자(21)에서 빼면 7이 남는다. 다시 분모(14)에서 분자(7)를 빼면 역시 7이 남는다. 이와 같이 등수(等數, 같은 수)를 얻으면 약분을 위한 법(約法)으로 삼는다. 분모 56과 분자 21을 별도로 놓고, 각각을 법으로 나누면 문제에 맞는다. 「그러나 나눌 때 나누어 떨어지지 않는 수가 남으면 버리지 말아야 한다. 만일 버리면 원래의 것과 맞지 않기 때문이다. 가히 분수로 나타내어 말할 수 있다. 분수란 곱하고 나눌 때 이루어지는 수이고, 환원하면 그 본래 값을 잃지 않는다. 『구장산술』에서 여러 가지 분수의 계산을 책의 첫 머리에서 다룬 것은 무엇을 말하겠는가? 분수야말로 계산의 창문이다. 그 뜻이 넓고 원대하며 그 방법이 오묘하기 때문에 학자들이 그것을 만드는 일이 드물었다. 그러므로 『장구건산경』에서 말하기를, "곱하고 나누기가 어려울까 걱정하지 않고 통분하기가 어려울까 걱정한다."고 한 것이 이것이다. 또 합분(合分, 분수의 덧셈), 감분(減分, 분수의 뺄셈), 과분(課分, 분수의 대소 비교) 등의 기술은 여러 분모로 그 분자들을 가지런히 해서 분모는 법이 되고 분자는 실로 해서 나눈다. 평분(平分, 분수의 평균 구하기)이라는 것은 분모를 엇갈려 분모에 곱하고 따로 합해서 평실로 하고 분모끼리 서로 곱한 것을 법으로 한다. 열수를 아직 더하지 않은 것과 곱해서 각각을 열실이라 하고 열수로 법을 곱한다. 많은 것은 빼고 적은 것은 더해서 평균이 되게 한다. 경분(經分, 한 사람에게 돌아가는 몫 구하기)이라는 것은 돈을 실로 하고 사람을 법으로 해서 나눈다. 분수가 거듭해서 있는 것은 같게 해서 통분한다. 승분(乘分, 분수의 곱셈)이라는 것은 분자끼리 서로 곱해 실로 하고 분모끼리 서로 곱해 법으로 해서 나눈다. 약분(約分)이라는 것은 수의 번거로움을 다스리는 것이다. 예를 들어 $\frac{2}{4}$ 가 있으면 줄여서 말하면 $\frac{1}{2}$ 이다. 나눌 수 있으면 나누고 반으로 할 수 있으면 반으로 한다. 앞의 문제를 비유해서 말하면, 말을 56필 사려고 하는데 이미 21필 샀다. 그 몇 분 중에 산 것은 정확히 얼마인가? 답은 8분 가운데 3분을 샀다.」

術日 先列分母五十六於上位 次列分子二十一於下位 以子兩次減其母 餘一十四 母復減其子 餘七 子又減其母 亦餘七 乃得等數 爲約 法 別列分母五十六 分子二十一 各以法約之 合問「但有除分者餘 不盡之數 不可棄之 棄之則不合其源 可以爲之分言之 之分者 乃乘除往來之 數 還源則不失其本也 故九章設諸分於篇首者何謂 之分者 乃開算之戶 牖[1]也 緣其義闊遠 其術奧妙 是以學者造之鮮矣 故張丘建有云 不患乘除之 爲難 而 患通分之爲難 是也 且合減課分之術 乃羣其母而齊其子 母法子實 而一 平分者 母互乘子 副倂爲平實 母相乘爲法 以列數乘未倂者 各爲列實

---

1) 『산학계몽술의』에는 여기의 '牖'가 '牖△'로 되어 있다. 나사림이 입수한 판본에는 그와 같이 되어 있던 것으로 보인다. 이것에 오식 표시 △를 하고 다음과 같이 지적했다. "羅氏 識誤小字雙行注乃開筭之互牖也 案牖譌當從片作牖"

以列數乘法 減多益少 而平 經分者 錢爲實 人爲法 而一 重有分者同而通之
乘分者 子相乘爲實 母相乘爲法 而一 約分者 治數之繁也 設有四分之二 減
而言之 卽二分之一也 可約則約 可半則半 比類前問 欲買馬五十六匹 己買
二十一匹 問其分中 買訖幾分 答曰入分中 買三分也」

해법에서는 분수 $\frac{21}{56}$ 의 약분 과정을 다음과 같이 설명하고 있다.

① 56   • 분모 56은 위에 분자 21은 아래에 놓는다.
   21

② $56 - 21 = 35$,   • 분모에서 분자를 두 번 빼서 14를 얻는다.
   $35 - 21 = 14$ (이렇게 얻은 14가 새로운 분모이다.)

③ $21 - 14 = 7$ • 분자 21에서 분모 14를 빼서 7을 얻는다.
                        (이렇게 얻는 7이 새로운 분자이다.)

④ $14 - 7 = 7$ • 분모 14에서 분자 7을 빼서 등수 7을 얻는다.
                        (등수를 얻으면 빼는 과정을 중지한다.)

⑤ $56 \div 7 = 8$,   • 분자 56과 분모 21을 등수 7로 나눈다.
   $21 \div 7 = 3$

⑥ $\frac{21}{56} = \frac{3}{8}$ • 이렇게 해서 약분한 분모 8과 분자 3을 얻는다.

이 과정은 『구장산술』 제1권 「방전」의 제5, 6문 뒤에 있는 다음과 같
은 약분술(約分術)과 일치한다.

약분술에 따르면, 반으로 할 수 있는 것은 반으로 한다. 반으로 할 수 없는 것은 분모와 분자의 수를 별도로 놓고, 큰 것에서 작은 것을 뺀다. 반복해서 서로 빼 주어 같아지는 것을 구한다. 같은 수(등수)로 그것들을 나눈다.

約分術曰 可半者半之 不可半者 副置分母子之數 以少減多 更相減損 求其等也 以等數約之

여기서 '등수(等數)'는 분모와 분자의 최대 공약수이며, 이를 구하는 과정은 나눗셈을 이용해서 최대 공약수를 구하는 '호제법'과 본질적으로 서로 같다(다음 쪽의 상자 참조). 이에 따라 뺄셈을 이용하는 이 방법을 '호감법'이라 부르겠다.[2]

호제법

'유클리드의 알고리즘', 즉 '호제법'은 틀림없이 유클리드 시대 이전에 이미 알려졌지만, 그 과정은 유클리드의 『원론』 제VII권의 첫 부분에 나타난다. 그 알고리즘은 다음과 같다. "두 자연수 중에서 큰 수를 작은 수로 나눈다. 그리고 나눗수를 나머지로 나눈다. 이런 과정을 계속해서, 즉 마지막 나눗수를 마지막 나머지로 나누어, 나눗셈이 정확하게 끝날 때까지 반복한다. 마지막 나눗수가 구하려는 원래의 두 양의 정수의 최대 공약수이다." 즉, 두 자연수를 a와 b라 하고 $a > b$라 할 때, 다음 과정에서 마지막으로 얻는 m이 a와 b의 최대 공약수이다.

$$a = q_1 b + r_1 \qquad 0 < r_1 < b$$
$$b = q_2 r_1 + r_2 \qquad 0 < r_2 < r_1$$
$$r_1 = q_3 r_2 + r_3 \qquad 0 < r_3 < r_2$$
$$\vdots \qquad\qquad\qquad \vdots$$
$$r_{n-2} = q_n r_{n-1} + r_n \qquad 0 < r_n < r_{n-1}$$
$$r_{n-1} = q_{n+1} r_n$$

---

2) 실제로 『구장산술』의 영문 번역서인 다음 책에서는 이를 'mutual subtraction algorithm'이라 부르고 있다. S. Kangshen, J.N. Crossley, A.W.-C. Lun(1999), *The Nine Chapters on the Mathematical Art*, Oxford University Press.

호제법에 따라 56과 21의 최대 공약수를 구하면 다음과 같다.

$$56 = 2 \times 21 + 14$$ · 위의 ② 과정

$$21 = 1 \times 14 + 7$$ · 위의 ③ 과정

$$14 = 2 \times 7$$ · 위의 ④ 과정

🏵 · **역자 주해 2** ·
_____

해법에 있는 주석에서는 약분의 방법을 비롯해서, 분수의 연산인 합분, 감분, 과분, 평분, 경분의 방법을 개략적으로 설명하고 있다. 각각에 대해서는 해당하는 문제에서 다루겠다.

하-1-2. 지금 갑의 실이 $\dfrac{7}{8}$냥, 을의 실이 $\dfrac{6}{7}$냥, 병의 실이 $\dfrac{5}{6}$냥 있다. 더하여 얻는 것은 얼마인가?

今有甲絲八分兩之七 乙絲七分兩之六 丙絲六分兩之五 問合之得幾何

답 $2\dfrac{95}{168}$ 냥

答曰 二兩一百六十八分兩之九十五

해법 그림  에 따라 산대를 펴고, 분모들을 분자에 엇

갈려 곱한다. 오른쪽 위는 294를 얻고 오른쪽 가운데는 288을 얻고 오른쪽 아래는 280을 얻는다. 세 수를 더하여 얻은 862를 실이라고 하자. 왼쪽 줄의 분모들을 서로 곱하여 얻은 336을 법이라고 하자. 실을 법으로 나누고, 법에 차지 않는 것은 각각 반으로 한다. 문제에 맞는다.

術曰 依圖布筭 ⌗ 母互乘子 右上得二百九十四 右中得二百八十八 右下得二百八十 三位併之 共得八百六十二 爲實 左行[3] 分母相乘 得三百三十六 爲法 實如法而一 不滿法者 各半之 合問

🌸 • 역자 주해 1 •

해법에서는 세 분수의 합을 구하는 방법을 설명하고 있다. 그 과정은 다음과 같다.

갑의 실: $\dfrac{7}{8}$ 냥,   을의 실: $\dfrac{6}{7}$,   병의 실: $\dfrac{5}{6}$

① $7 \times (7 \times 6) = 294$ • 갑의 분자 7에 을과 병의 분모 7과 6을 곱한다.

② $6 \times (8 \times 6) = 288$ • 을의 분자 6에 갑과 병의 분모 8과 6을 곱한다.

③ $5 \times (8 \times 7) = 280$ • 병의 분자 5에 갑과 을의 분모 8과 7을 곱한다.

④ $294 + 288 + 280 = 862$ • 세 수를 더한다. [882 = 실]

⑤ $8 \times 7 \times 6 = 336$ • 세 분모를 곱한다. [336 = 법]

⑥ $862 \div 336$ • 실을 법으로 나눈다.

$= 2\dfrac{190}{336} = 2\dfrac{95}{168}$ • 법보다 작은 것은 분수로 나타내고, 2로 약분한다.

---

3) 동아시아의 전통 수학에서는 현재의 '열'을 '행'이라 불렀다.

이를 다음과 같이 요약할 수 있다.

$$\frac{7}{8}+\frac{6}{7}+\frac{5}{6}=\frac{7\times7\times6+6\times8\times6+5\times8\times7}{8\times7\times6}=\frac{862}{336}=2\frac{190}{168}=2\frac{95}{168}\,(\text{냥})$$

이 과정은 다음과 같은 세 분수의 일반적인 덧셈 원리와 일치한다.

$$\frac{a}{b}+\frac{c}{d}+\frac{e}{f}=\frac{a(df)+c(bf)+e(bd)}{bdf}$$

 • 역자 주해 2 •

왕감 『산학계몽술의』에서 다음과 같이 동아시아의 전통적인 개념에 따라 분수의 덧셈 원리를 설명하고 있다.

왕감안 이것은 곧 앞의 주에서 말한 합분(분수의 덧셈)이다.

$\frac{7}{8}$ 냥은 7냥의 실을 8로 나누어 그 하나를 얻는 것이다.

$\frac{6}{7}$ 냥은 6냥의 실을 7로 나누어 그 하나를 얻는 것이다.

$\frac{5}{6}$ 은 5냥의 실을 6으로 나누어 그 하나를 얻는 것이다.

본래 마땅히 각각 분모로 분자를 나누어서 그 얻어진 수를 더하면 맞다. 그런데 그 가운데 나눌 수 없는 것이 있기 때문에 서로 통분한다. 예를 들어 $\frac{7}{8}$ 은 원래의 수 7을 마땅히 분모 8로 나누어야 한다. 지금 그 수를 나누지 않으면 이미 8배를 더한 것이다. 이 수에 7을 곱하면 이미 56배를 더한 것이고 또 6을 곱하면 이 수에 이미 366배를 더한 것이다.

그 $\frac{6}{7}$ 에는 8과 6을 곱하고, $\frac{5}{6}$ 에는 8과 7을 곱하면, 모두 336배를 더한 것으로, 세 수가 모두 같다.

336을 전체의 분모로 하면 분모가 같으니, 그 분자들을 가지런히 한다. 그러므로 더해서 나눌 수 있다. 법에 차지 않는 것을 각각 반으로 나눈 것은 약분을 위한 법을 쓴 것이다.

鑒案　此卽前注所言合分也
　　　八分兩之七者係七兩之絲　分爲八而得其一也
　　　七分兩之六者係六兩之絲　分爲七而得其一也
　　　六分兩之五者係五兩之絲　分爲六而得其一也
　　　本當各以分母除其子　而倂其得數　以合之
　　　因其中有不受除者　故互通之
　　　如八分之七　原數七當以分母八除之
　　　今不除　是其數已加八倍　以七乘之　是其數已加五十六倍
　　　又六乘之　是其數已加三百三十六倍
　　　其七分之六　以八與六乘之　六分之五　以八與七乘之　皆加三百三十六倍
　　　則三數皆同
　　　以三百三十六爲總母　其母同　其子齊矣
　　　故可倂而除之　其不滿法各半之者係用約法

위의 내용은 정리하면 다음과 같다.

7은 $\frac{7}{8}$의 8배이므로, 7×7은 $\frac{7}{8}$의 8×7배이고, $7 \times 7 \times 6 = 294$는 $\frac{7}{8}$의 $8 \times 7 \times 6 = 336$배이다. 이와 마찬가지로 $\frac{6}{7}$의 336배는 $6 \times 8 \times 6 = 288$이고, $\frac{5}{6}$의 336배는 $5 \times 8 \times 7 = 280$이다. $294+288+280 = 862$는 구하는 수의 336배이므로, 구하는 수는 $862 \div 336$이다.

하-1-3. 지금 갑의 돈이 $\frac{5}{9}$ 전 있는데, 이것으로부터 을의 돈 $\frac{3}{7}$ 전을 뺀다. 나머지는 얼마인가?

今有甲錢九分錢之五　內減其乙錢七分錢之三　問餘幾何

답 $\frac{8}{63}$ 전

答曰   六十三分錢之八

해법   그림 | 9 구분지 5 오 |
| 7 칠분지 3 삼 | 에 따라 산대를 펴고, 분모를 분자에 엇갈려 서로 곱한다. 오른쪽 위로는 35를 얻고 오른쪽 아래로는 27을 얻는다. 작은 것으로 큰 것에서 뺀 나머지 8을 실이라고 하자. 또, 왼쪽 줄의 분모들을 서로 곱하여 얻은 63을 법이라고 하자. 실을 법으로 나누고 법에 차지 않는 것은 분수로 나타낸다. 문제에 맞는다.

術曰   依圖布筹 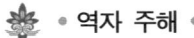 母互乘子 右上得三十五 右下得二十七 以少減多 餘八爲實 左行分母相乘 得六十三 爲法 實如法而一 不滿法者命之 合問

🌸 **• 역자 주해 •**

해법에서 설명한 분수의 뺄셈 과정은 다음과 같다.

갑의 돈 : $\frac{5}{9}$ 전,   을의 돈 : $\frac{3}{7}$ 전

① $5 \times 7 = 35$ • 갑의 분자 5에 을의 분모 7을 곱한다.

② $3 \times 9 = 27$ • 을의 분자 3에 갑의 분모 9를 곱한다.

③ $35 - 27 = 8$ • 작은 것으로 큰 것에서 뺀다. [8 = 실]

④ $9 \times 7 = 63$ • 분모끼리 서로 곱한다.   [63 = 법]

⑤ $8 \div 63 = \frac{8}{63}$ • 실을 법으로 나누고 분수로 나타낸다.

즉, 다음과 같이 계산한다.

$$\frac{5}{9} - \frac{3}{7} = \frac{5 \times 7 - 3 \times 9}{63} = \frac{8}{63} \text{(전)}$$

이 과정은 다음과 같은 분수의 일반적인 뺄셈 원리와 일치한다.

$$\frac{a}{b} - \frac{c}{d} = \frac{ad - bc}{bd}$$

하-1-4. 지금 갑은 비단을 $\frac{5}{7}$자 가지고 있고 을은 비단을 $\frac{3}{4}$자 가
지고 있다. 누가 더 많고 얼마나 많은가?

今有甲持絹七分尺之五 乙持絹四分尺之三 問孰多多幾何

답 을의 비단이 많고, $\frac{1}{28}$자 더 많다.

答曰 乙絹多 多二十八分尺之一

해법 그림

7 칠분지	5 오
4 사분지	3 삼

에 따라 산대를 펴고 분모를 서로 엇갈려
분자에 곱한다. 오른쪽 위로는 20을 얻고 오른쪽 아래로는 21을
얻는다. 작은 것으로 큰 것에서 뺀 나머지 1을 실이라고 하자.
분모끼리 서로 곱하여 얻은 28을 법이라 하자. 실을 법으로 나
누고 법에 모자라는 것을 분수로 나타낸다. 문제에 맞는다.

術曰 依圖布筭  母互乘子 右上得二十 右下得二十一 以小
　　減多 餘一 爲實 分母相乘 得二十八 爲法 實如法而一 不滿法
　　者 命之 合問

❀ • 역자 주해 •

해법에서 설명한 과분[분수의 대소 비교] 과정은 다음과 같다.

갑의 비단 : $\frac{5}{7}$자,　을의 비단 : $\frac{3}{4}$자

① $5 \times 4 = 20$　　• 갑의 분자 5에 을의 분모 4를 곱한다.
② $3 \times 7 = 21$　　• 을의 분자 3에 갑의 분모 7을 곱한다.
③ $21\text{-}20 = 1$　　• 작은 것으로 큰 것에서 뺀다. [1 = 실]
④ $4 \times 7 = 28$　　• 분모끼리 서로 곱한다.　　 [28 = 법]
⑤ $1 \div 28 = \frac{1}{28}$　　• 실을 법으로 나누고 분수로 나타낸다.

즉, 다음과 같이 계산한다.

$$\left| \frac{5}{7} - \frac{3}{4} \right| = \left| \frac{5 \times 4 - 3 \times 7}{7 \times 4} \right| = \left| \frac{21 - 20}{28} \right| = \frac{1}{28} \text{(자)}$$

하-1-5. 지금 있는 갑의 쌀은 $\frac{5}{6}$말, 을의 쌀은 $\frac{4}{5}$말, 병의 쌀은 $\frac{3}{4}$
말이다. 많은 것에서는 덜고 적은 것에는 보태면 각각 얼마로 고
르게 되는가?

今有甲米六分斗之五　乙米五分斗之四　丙米四分斗之三　問減多益
少[4] 各幾何而平

답 평균하면 각각 $\dfrac{143}{180}$

答曰 各平一百八十分之一百四十三

해법 그림

6 육분지	5 오
5 오분지	4 사
4 사분지	3 삼

에 따라 산대를 펴고 분모들을 서로 엇갈려 분자에 곱한다. 오른쪽 위로는 100을 얻고 오른쪽 가운데로는 96을 얻고 오른쪽 아래로는 90을 얻는다. 각각을 열실이라 하고 별도로 모두 더하여 얻은 286을 평실이라고 하자. 왼쪽 줄의 분모들을 서로 곱하여 얻은 120을 법이라고 하자. 다시 3을 곱하여, 360을 얻는다. 역시 오른쪽의 더하지 않았을 때의 수들[열실]을 3배 한다. 평실과 법 및 실을 각각 2로 나누어 얻은 수들에서 오른쪽 위에서는 7을 빼고 가운데에서는 1을 빼고 오른쪽 아래에 뺀 것을 더하면 평균을 얻는다. 문제에 맞는다.

術曰 依圖布筭 母互乘子 右上得一百 右中得九十六 右下得九十 各爲列實 副倂得二百八十六 爲平實 左行母相乘 得一百二十 爲法 又三之 得三百六十 亦三因右行未幷者 平實法實各半之 得數 減右上七 減右中一 而益右下 得各平也 合問

해법에서 설명한 분수의 평균을 구하는 과정은 다음과 같다.

---

4)『산학계몽술의』에는 여기의 '少'가 '小△'로 되어 있다. 나사림이 입수한 판본에는 그와 같이 되어 있던 것으로 보인다. 이것에 오식 표시 △를 하고 다음과 같이 지적했다. "羅氏 識誤減多益小 案前注云益據 此小當作少"

갑의 쌀 : $\dfrac{5}{6}$ 말,　을의 쌀 : $\dfrac{4}{5}$ 말,　병의 쌀 : $\dfrac{3}{4}$ 말

① $5 \times (5 \times 4) = 100$ ・ 갑의 분자 5에 을과 병의 분모 5와 4를 곱한다.

② $4 \times (6 \times 4) = 96$ ・ 을의 분자 4에 갑과 병의 분모 6과 4를 곱한다.

③ $3 \times (6 \times 5) = 90$ ・ 병의 분자 3에 갑과 을의 분모 6과 5를 곱한다.

　　　　　　　　　　　　 [100, 96, 90 : 열실]

④ $100+96+90 = 286$ ・ 세 수를 더한다. [286 = 평실]

⑤ $6 \times 5 \times 4 = 120$ ・ 세 분모를 곱한다. [120 = 법]

⑥ $120 \times 3 = 360,\ 100 \times 3 = 300,\ 96 \times 3 = 288,\ 90 \times 3 = 270$

　　　　　　　　　　　　 ・ 법과 열실을 모두 3배 한다.

⑦ $286 \div 2 = 143,\ 360 \div 2 = 180,\ 300 \div 2 = 150,\ 288 \div 2 = 144,\ 270 \div 2 = 135$

　　　　　　　　　　　　 ・ 평실 및 3배 한 법과 열실을 모두 2로 나눈다.

⑧ $150 - 7 = 143,\ 144\text{-}1 = 143,\ 135 + 8 = 143$

　　　　　　　　　　　　 ・ 평실의 반인 143보다 크면 그만큼 빼고, 작으면 그
　　　　　　　　　　　　 만큼 더해서 평균을 얻는다.

　이는 분모들을 엇갈려 분자에 곱한 갑의 합인 평실 286을 얻고, 원래의 분수를 통분한 세 분수 $\dfrac{300}{360}$, $\dfrac{288}{360}$, $\dfrac{270}{360}$ 을 생각한 다음, 286, 360, 300, 288, 270의 공약수인 2로 나누면 평실은 143이고 세 분수는 $\dfrac{150}{180}$, $\dfrac{144}{180}$, $\dfrac{135}{180}$ 이므로 비교하여 각각 -7, -1, $+8$함으로써 평균 $\dfrac{143}{180}$ 을 구한 것이다.

　오늘날에는 세 분수의 평균은 다음과 같이 구한다.

$$\frac{5 \cdot 5 \cdot 4 + 4 \cdot 6 \cdot 4 + 3 \cdot 6 \cdot 5}{120 \cdot 3} = \frac{286}{360} = \frac{143}{180}$$

하-1-6. 지금 있는 $6\frac{4}{5}$사람이 은 $8\frac{3}{7}$냥과 $\frac{5}{6}$냥을 나누어 갖는다. 한 사람이 얼마를 갖는가?

今有六人五分人之四分 銀八兩七分兩之三 六分兩之五 問人得幾何

답 $1\frac{517}{1428}$ 냥

答曰 一兩 一千四百二十八分兩之五百一十七

해법 그림

7 칠분지	3 삼
6 육분지	5 오

에 따라 산대를 펴고, 분모를 서로 엇갈려 문자에 곱하고 서로 더하여 얻은 53을 자리에 맡겨두자. 왼쪽 줄의 수를 서로 곱하면 42를 얻는다. 이를 은 8냥에 곱하여 얻은 336을 맡겨둔 것에 더하면 모두 389를 얻는다. 사람의 분모 5를 곱하여 얻은 1945를 실이라고 하자. 다시 6명을 분모와 곱하여 분자에 더하면 34를 얻는다. 은의 분모 42를 이에 곱하여 얻은 1428을 법이라고 하자. 실을 법으로 나누면 1냥을 얻고, 법에 차지 않는 것은 분수로 나타낸다. 문제에 맞는다.

術曰 依圖布筭 母互乘子 併之 得五十三 寄位 左行相乘 得四十二 以乘銀八兩 得三百三十六 併入寄位 共得三百八十九 以人分母五因之 得一千九百四十五 爲實 又列六人通分內子 得三十四 以銀母四十二乘之 得一千四百二十八 爲法 實如法 而一 得一兩 不滿法者命之 合問

해법에서 설명한 분수의 나눗셈 과정은 다음과 같다.

사람 수: $6\frac{4}{5}$명,   은의 양: $(8\frac{3}{7}+\frac{5}{6})$냥

① $3 \times 6 + 5 \times 7 = 53$ • $\frac{3}{7}+\frac{5}{6}$의 분자 53을 구한다.

② $7 \times 6 = 42$ • $\frac{3}{7}+\frac{5}{6}$의 분모 42를 구한다. $[\frac{3}{7}+\frac{5}{6}=\frac{53}{42}]$

③ $8 \times 42 + 53 = 389$ • $8+\frac{53}{42}$의 분모 389를 구한다.

[389 = 은 전체 냥수의 분모]

④ $389 \times 5 = 1945$ • 은 냥수의 분모와 사람 수의 분자 5를 곱한다.

[1945 = 실]

⑤ $6 \times 5 + 4 = 34$ • 사람 수 $6\frac{4}{5}$의 분모를 구한다.

⑥ $34 \times 42 = 1428$ • 사람 수의 분모와 은 냥수의 분자를 곱한다.

[1428 = 법]

⑦ $1945 \div 1428 = 1\frac{517}{1428}$ • 실을 법으로 나눈다.

위의 계산 과정은 은의 전체 냥수와 사람 수를 각각 하나의 가분수로 나타내고 나누는 다음 과정과 일치한다.

[제 1 단계 : 은의 냥수를 하나의 분수로 나타내기]

$$8\frac{3}{7}+\frac{5}{6}=8+\left(\frac{3}{7}+\frac{5}{6}\right)=8+\frac{3\times6+5\times7}{7\times6}=8+\frac{53}{42}$$

$$=\frac{8\times42}{42}+\frac{53}{42}=\frac{336+53}{42}=\frac{389}{42}$$

[제 2 단계 : 은의 냥을 사람의 수로 나누기]

$$\frac{389}{42} \div 6\frac{4}{5} = \frac{389}{42} \div \frac{34}{5} = \frac{389 \times 5}{42 \times 34} = \frac{1945}{1428} = 1\frac{517}{1428} \text{ (냥)}$$

❀ • 역자 주해 2 •

왕감 『산학계몽술의』에서 다음과 같이 나눗셈의 원리를 설명하고 있다.

왕감안 이것은 곧 앞의 주에서 말한 경분(經分, 분수의 나눗셈)이고, 겸해서 대분수가 있는 것이다.

본래 마땅히 6사람 남짓으로 은 8냥 남짓을 나누는 것은 분수가 있으므로 다시 나누지 않고 그것을 제동(통분)한다.

먼저 $\frac{3}{7}$ 냥과 $\frac{5}{6}$ 냥을 분모를 42로 같게 하고 그 분자를 더하면 53을 얻는다.

다시 은 분모 42를 8냥에 곱하고 분자 53에 더한다. 이 수 안에 42를 분모로 맡겨둔다.

또 사람 수의 분모를 이에 곱해서, 이 수 안에 210을 분모로 맡겨둔다. 그 사람 수에 분모를 곱하고 분자에 더해서 얻은 수는 5를 분모로 맡겨두고 있다. 은의 분모를 곱해서, 역시 210을 분모로 맡게 둔다.

법과 실이 모두 210을 분모로 하고 있으니 분모를 논하지 않을 수 있다. 곧 법으로 실을 나누면 구하는 것을 얻는다.

鑑案 此卽前注所言經分 而兼重有分也
本當以六人有奇除銀八兩有奇 因有分數 不便除 故齊同之
先使七分兩之三 與六分兩之五 同其母於四十二 倂其分子 得五十三
再以銀分母四十二通八兩內子五十三 此數內寄四十二爲分母
又以人分母通之 則此數內寄二百一十爲分母
其人數通分內子所得數 寄五爲分母 以銀分母通之 亦寄二百一十爲母
法實皆同以二百一十爲分母 則分母可以不論 卽以法除實 得所求

왕감의 설명에 따른 계산 과정은 다음과 같다.

$$\left(8\frac{3}{7}+\frac{5}{6}\right)\div\left(6\frac{4}{5}\right)=\left\{8+\left(\frac{3}{7}+\frac{5}{6}\right)\right\}\div\left(6+\frac{4}{5}\right)$$

$$=\left(8+\frac{53}{42}\right)\div\frac{34}{5}=\frac{389}{42}\div\frac{34}{5}$$

$$=\frac{389\cdot 5}{42\cdot 5}\div\frac{34\cdot 42}{5\cdot 42}=\frac{1954}{210}\div\frac{1428}{210}=\frac{1945}{1428}$$

하-1-7. 지금 있는 밭의 너비는 $\frac{9}{13}$ 보고 길이는 $\frac{11}{18}$ 보다 밭의 넓이는 얼마인가?

今有田闊一十三分步之九 長一十八分步之十一 問爲田幾何

답 $\frac{11}{26}$ 보[5]

答曰 二十六分步之十一

해법 그림

13 오른쪽 줄 분모끼리	9 왼쪽 줄 분자끼리
18 서로 곱함	11 서로 곱함

에 따라 산대를 펴고, 분모를 놓고 서로 곱하여 얻은 234를 법이라고 하자. 분자끼리 서로 곱하여 얻은 99를 실이라고 하자. 실을 법으로 나누고, 법에 차지 않는 것은 각각 9로 약분한다. 문제에 맞는다.

術曰 依圖布筭 〔산대 그림〕 列分母相乘 得二百三十四 爲法 分子相乘

---

5) 넓이이므로 '제곱보'가 정확하지만, 산학에서는 넓이의 단위도 '보'로 나타냈다. 부피의 경우에도 '세제곱보'가 아니라 단순히 '보'로 나타냈다.

得九十九 爲實 實如法而一 不滿法者 各九約之 合問

너비와 길이가 분수로 주어진 직사각형의 밭의 넓이를 분수의 곱셈을 이용하여 구하고 있다. 그 과정은 다음과 같다.

너비 : $\frac{9}{13}$ 전,   길이 : $\frac{11}{18}$ 전

① $13 \times 18 = 234$ • 분모끼리 곱한다. [234 = 법]
② $9 \times 11 = 99$ • 분자끼리 곱한다. [99 = 실]
③ $99 \div 234 = \frac{11}{26}$ • 실을 법으로 나누고 9로 약분다.

즉, 다음과 같이 계산한다.

$$\frac{9}{13} \times \frac{11}{18} = \frac{9 \times 11}{13 \times 18} = \frac{99}{234} = \frac{11}{26} \text{(제곱보)}$$

이 과정은 다음과 같은 분수의 일반적인 뺄셈 원리와 일치한다.

$$\frac{a}{b} \times \frac{c}{d} = \frac{ac}{bd}$$

왕감은 분수의 곱셈 원리를 다음과 같이 설명하고 있다.

왕김안 이것은 곧 앞의 주에서 말한 승분[분수의 곱셈]이다.

그 분자 9는 분모 13에 맡겨져 있으니 이미 13배를 (더)한 것이다.

그 분자 11는 분모 18에 맡겨져 있으니 이미 18배를 (더)한 것이다.

분자를 서로 곱하면 13배의 수와 18배의 수를 서로 곱한 것이니 모두 계산하면 234배일 것이다. 그러므로 234가 법이 된다.

鑑案 此卽前注所言乘分也

其分子九寄十三爲母 是已加十三倍

其分者十一 寄十八爲母 是已加十八倍

分子相乘 是十三倍之數與十八倍之數相乘 合計之 加二百三十四倍 矣 故以二百三十四爲法

위의 설명은 다음과 같다. 9는 $\frac{9}{13}$ 의 13배이고, 11은 $\frac{11}{18}$ 의 18배이다. 이에 따라 $9 \times 11 = 99$는 원래 구하려는 수의 $13 \times 18 = 234$(배)이다. 따라서 정확한 값은 $\frac{99}{234} = \frac{11}{26}$ 이다.

하-1-8. 지금 있는 돈 346관 800문으로 실을 298근 산다. 한 근의 값은 얼마인가?

今有錢三百四十六貫八百文 買絲二百九十八斤 問斤價幾何

답　1관 $163\frac{113}{149}$ 문

答曰　一貫一百六十三文 一百四十九分文之一百一十三

해법 돈의 액수를 위에 놓고 실이라고 하자. 실의 근수를 법이라고 하자. 실을 법으로 나누고 법에 차지 않는 것은 각각 반으로 나눈

다. 문제에 맞는다.

術曰 列錢數 於上 爲實 以絲數爲法 實如法而一 不滿法者 各半之
合問

🏵 ● 역자 주해 ●

_____

나눗셈을 이용하여 실 1근의 값을 구하는 문제이다. 나누어 떨어지지
않으므로, 답을 분수로 나타낸다. 단위 사이의 관계 '1관 = 1000문'을 이
용하면, 그 과정은 다음과 같다.

$$(346관\ 800문) ÷ 298 = (346800문) ÷ 298 = \frac{346800}{298}\ 문$$

$$= 1163\frac{226}{298}\ 문 = 1163\frac{113}{149}\ 문 = 1관\ 163\frac{113}{149}\ 문$$

하-1-9. 지금 실이 298근 있는데, 1근의 값은 1관 $163\frac{113}{149}$ 문이다.
돈으로 치면 얼마인가?

今有絲二百九十八斤 斤價一貫一百六十三文 一百四十九分文之一
百一十三 問直錢幾何

답 346관 800문

答曰 三百四十六貫八百文

해법 실 전체의 근수를 위에 놓는다. 한 근의 값을 분모와 곱하여 분자에 더하면 17만 3400을 얻는다. 위에 놓은 실의 근수에 곱하면 5167만 3200을 얻는다. 이를 분모 149로 나눈다. 문제에 맞는다.

術曰 列共絲 於上 斤價通分內子 得一十七萬三千四百 以乘上位 得五千一百六十七萬三千二百 以分母一百四十九約之 合問

❀ **• 역자 주해 •**

앞의 문제의 역으로, 자연수와 분수의 곱셈을 이용하고 있다. 그 과정은 다음과 같다.

$$298 \times (1관\ 163\frac{113}{149}\ 문) = 298 \times (\frac{173400}{149}\ 문) = \frac{51673200}{149}\ 문$$
$$= 346800문 = 346관\ 800문$$

퇴적환원문 열네 문제

堆積還源門 十四問

　　여기서는 똑같은 물건을 일정한 규칙에 따라 쌓거나 묶어 놓은 경우에 가장 아랫줄이나 둘레에 있는 물건의 개수를 이용해서 전체의 개수를 구하는 문제를 다루고 있다. 이에 따라 여러 가지 수열의 합, 즉 급수에 관한 연구 결과를 알아볼 수 있다. 특히, 문제 《하-2-4》와 《하-2-5》는 중국 북송의 심괄(沈括, 1031~1095)이 『몽계필담(夢溪筆談)』 제18권에서 고려한 '극적술(隙積術)'과 관계가 있다. 극적술에 대해서는 문제 《하-2-4》의 역자 주해에서 설명하겠다. 이 방법은 그 뒤 남송의 양휘와 원의 주세걸 등에 의해 '퇴타술' 또는 '타술'이라는 이름으로 더욱 깊이 있게 다루어졌다.[1][2] 문제 《하-2-6》과 《하-2-7》은 각각 구의 부피와 무게를 다루고 있다.

---

1) 김용운·김용국(1996), 『중국수학사』, 민음사, 206~207면, 239~240면, 248~254면.
2) 『산학입문』에서는 '퇴타'를 다음과 같이 설명하고 있다. "무릇 한 면으로 쌓는 것은 '퇴'라 하고 전체로 쌓는 것은 '타'라 하며 퇴와 타의 총수를 적이라고 하는 것은 어느 때나 통용된다.(凡一面曰堆 全體曰垜 而堆垜之積或亦通稱)" 황윤석 저, 강신원·장혜원 역(2006), 『산학입문』, 이수신편 제22권, 교우사, 22면.

수학에 대한 주세걸의 최대의 공헌 두 가지로 사원술과 퇴타술을 꼽는데, 퇴타술은 그의 수학 연구에서 주요한 위치를 점했다. 퇴타술에 대한 주요한 발견 내용을 『사원옥감』에 실었지만,[3] 『산학계몽』에도 이미 그 일부가 소개되어 있다.[4]

문제 ≪하-2-8≫부터 ≪하-2-13≫까지의 여섯 문제는 차례로 문제 ≪하-2-1≫부터 ≪하-2-6≫까지의 여섯 문제의 역으로, 물건 전체의 개수 또는 부피가 주어진 경우에 가장 아랫줄이나 둘레에 있는 물건의 개수 또는 지름을 구한다. 이는 다항 방정식의 풀이가 필요한데, 이에 대해서는 이 책의 마지막 장인 「개방석쇄문」에서 다룬다.

하-2-1. 지금 건초 더미가 있는데, 가장 아랫줄에 54단이 있다. 모두 몇 단인가?

今有茭草 底子每面五十四束 問積幾何

답 1485단

答曰 一千四百八十五束

해법 54단을 (위와 아래에) 나누어 놓고, 아래에 1단을 첨가한다. 이를 위에 있는 수에 곱하면 2970을 얻는다. 반으로 나누면, 전체의 단 수를 얻는다. 문제에 맞는다.

術曰 副置五十四束 下位添一束 以乘上位 得二千九百七十 半之 得積 合問

---

3) 주세걸은 『사원옥감』에 유한차분법에 관련된 5개의 문제도 실었는데, 4계 차분을 포함해서 차분에 대한 정확한 공식을 도입했다. 이는 중국뿐만 아니라 세계에서 최초의 일이었다. 李儼・杜石然 저, J.N. Crossley・A.W.-C. Lun 역, 『中國 數學 / Chinese Mathematics - A concise history』, Clarendon Press, 1987, 159면.

4) 孔國平(2000), 『李冶朱世杰与金元數學』, 河北科學技術出版社, 337면.

• 역자 주해 1 •

해법의 계산 과정을 다음과 같이 나타낼 수 있다.

$$\frac{54 \times (54+1)}{2} = \frac{2970}{2} = 1485(단)$$

 • 역자 주해 2 •

왕감은 『산학계몽술의』에서 다음과 같이 설명하고 있다.

왕감안 이것은 평삼각퇴(평면 삼각형의 더미)이다. 그 정상의 한 층에는 한 단이 있고, 아래로 한 층 내려갈 때마다 한 단씩 점차 증가한다. 그 모양은 정사각형을 대각선으로 자른 것과 비슷하다.
다만 자로 잰 것은 비록 자고 미미하더라도 모두 수가 있으니 명해야 한다.
자르면 대각선으로 나누어지지만 쌓아 놓은 것은 하나의 물건을 잘라서 반으로 할 수는 없다. 그러므로 줄마다 1을 더해서 승수로 해서 직사각형으로 만든 뒤에야 비로소 대각선으로 자를 수 있다.
문제에서는 줄마다 54단이지만 그 수가 커서 번잡하므로, 그림을 그려 작은 수로 설명한다. 아래의 문제들도 이와 같다.
오른쪽 위의 그림은 건초 더미다. 줄마다 6단이다.
오른쪽 가운데 그림은 1을 더하지 않은 것을 승법으로 했다. 곧 6단 곱하기 6단이면 정사각형을 얻고, 대각선으로 자르면 자른 곳이 모두 반 단이 된다.
오른쪽 아래 그림은 1단을 더해서 7을 얻고 6단으로 곱하면 직사각형이 이루어진다. 대각선으로 자르면 나뉘어 둘이 되고 두 더미는 서로 같다. 이것을 보면 방법을 세운 뜻을 알 수 있을 것이다.

鑒案　此平三角堆也

其頂上一層一束 以下每層遞加一束 其形與斜剖正方
面相似

但丈尺5)之積雖至細微 皆有數 以命之

剖則徑剖 而堆積不能剖一物 而半之

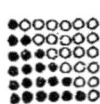

故每面加一爲乘數 使成長方形 然後始能斜剖也

題言每面五十四束 其數太繁難 於作圖玆設小數 以
明之

下問仿此

右上一圖 茭草形 設每面爲六束

右中一圖 不加一爲乘法 卽以六束乘六束 得正方形 自對角斜剖之
所剖之處 皆成半束

右下一圖 加一束 得七 以乘六束 成長方形 斜剖之分而爲二 兩積
適相等 觀此可知立法之意矣

　　왕감은 이와 같이 건초 더미의 모양이 평면 삼각형과 같고, 정사각형
을 대각선을 따라 자른 반쪽과 비슷하다고 말하고 있다. 그리고 전체의
개수를 구하기 위해서는 한 변을 한 단만큼 늘린 직사각형을 생각해야
하는데, 이를 대각선을 따라 자른 반쪽이 원래의 건초 더미와 일치한다
고 설명했다. 이를 가장 아랫줄에 6단이 있는 경우의 그림을 이용해서
예시했다.

　　이에 따라 아랫줄에 건초가 n 단 있다면, 건초 전체 S 단은 다음과 같다.

$$S = \frac{n(n+1)}{2}$$

　　즉, S 는 1부터 n 까지의 자연수 전체의 합과 같다.

---

5) 장척(丈尺), 열 자 길이의 장대로 만든 자.

하-2-2. 지금 둥근 화살이 한 단 있는데, 바깥 둘레에 54척 있다. 모두 몇 척인가?

今有圓箭一束 外周五十四隻 問積幾何

답 271척

答曰 二百七十一隻

해법 54척을 나누어 놓고, 위에 6척을 첨가한다. 이를 아래쪽에 곱하여 얻은 3240을 실이라고 한다. 원법 12로 이를 나누고 가운데 있는 화살 1척을 더한다. 문제에 맞는다.

術曰 副置五十四隻 上位添六隻 以下位乘之 得三千二百四十 爲實以圓法十二而一 加心箭一隻 合問

❀ • 역자 주해 1 •

해법의 계산 과정을 다음과 같이 정리할 수 있다.

$$\frac{54 \times (54+6)}{12} + 1 = \frac{3240}{12} + 1 = 270 + 1 = 271(척)$$

❀ • 역자 주해 2 •

왕감은 『산학계몽술의』에서 다음과 같이 설명하고 있다.

왕감안 둥근 화살단은 육각형이다. 따라서 6개의 평삼각퇴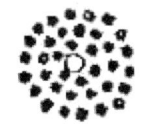
(평면 삼각형의 더미)를 합해서 만드는데, 특별히 가
운데에는 1척이 있을 뿐이다.
원래의 방법은 곧 첫째 문제의 방법을 써서 그것을
변통한다.
그림과 같이 바깥 둘레에 있는 개수는 6개의 평면 삼각형의 각 변에 있
는 개수의 합이다. 평삼각퇴의 전체 개수를 구하는 방법에 따라, 각 변
에 1을 더한 것을 승수로 해서 법 2로 나누면 전체의 개수를 얻는다.
지금 바깥 둘레에 6을 더하면, 곧 6개의 평면 삼각형의 각 변에 1을
더한 것의 합이다. 서로 곱한 뒤에 12를 법으로 하는 것은 곧 6개의 2
가 나누는 법이기 때문이다.

鑒案 圓箭束係六角形 乃六箇平三角堆合成 特中有心箭一隻耳
原術卽用第一問之法變而通之
如圖外周之數 係六箇平三角每面共數
平三角求積法 以每面加一爲乘 法二除之 得積
今於外周數內加六 卽六箇平三角每面加一之共數也
相乘後以十二爲法者 卽以六箇二爲除法也

왕감은 이와 같이 둥근 화살단의 모양이 육각형이고, 이에 따라 앞의
문제 ≪하-2-1≫에서 다룬 평삼각퇴를 6개 합쳐 놓고 가운데에 화살이 1
개 있는 모습이라 설명하고 있다. 그리고 해법에서 이용한 공식을 평삼
각퇴와의 관계에서 설명하고 있다. 즉, 바깥 둘레에 화살이 n 척 있다면(n
$= 6m$, m 은 자연수), 전체 화살 S척은 다음과 같이 구한다.

$$S = 6 \times \frac{m(m+1)}{2} + 1 = \frac{6m \times 6(m+1)}{6 \times 2} + 1$$
$$= \frac{6m(6m+6)}{12} + 1 = \frac{n(n+6)}{12} + 1$$

즉, S는 6부터 m 개의 6의 배수의 합에 1을 더한 값과 같다.

하-2-3. 지금 네모진 화살이 한 단 있는데, 바깥 둘레에 44척 있다. 모두 몇 척인가?

今有方箭一束 外周四十四隻 問積幾何

답   144척
答曰 一百四十四隻

해법 44척을 나누어 놓고, 각각 4척을 첨가한다. 서로 곱하여 얻은 2304를 실이라고 하자. 16을 법으로 하여 나눈다. 문제에 맞는다.
術曰 副置四十四隻 各添四隻 相乘 得二千三百四 爲實 以一十六爲 法 而一 合問

❀ • 역자 주해 1 •

해법의 계산 과정을 다음과 같이 나타낼 수 있다.

$$\frac{(44+4)\times(44+4)}{16} = \frac{2304}{16} = 144(척)$$

❀ • 역자 주해 2 •

왕감은 『산학계몽술의』에서 다음과 같이 설명하고 있다.

왕감안 이것은 평면 정사각형의 둘레로 정사각형의 넓이를 구하는 방법과 같은 뜻이다.

무릇 정사각형의 둘레를 제곱하고 16으로 나누면 넓이를 얻는다.

다만 자로 정사각형의 네 둘레를 재면 네 변의 길이고, 더하면 곧 네 둘레의 길이다. 4개의 정사각형의 변과 비교하면 반드시 4만큼 작다. 대개 네 모퉁이의 수는 이 변에 속하지만 또 부득이 다른 변에도 속한다. 그러므로 반드시 각각 4척을 더해야 서로 곱한 것이 정사각형의 둘레로 넓이를 구하는 법에 꼭 맞는다.

오른쪽 위의 그림은 자로 예를 들어 말하면 각 변은 4이고 네 둘레를 더해서 계산하면 16을 얻는다.

아래의 그림은 네모진 화살을 쌓은 것이고 위의 그림과 전체 개수가 같다. 네 둘레를 더해서 계산하면 12를 얻는다. 위의 그림 네 둘레의 길이와 비교하면 4만큼 작다. 그러므로 반드시 각각 4척을 더해서 서로 곱한다.

鑑案 此與平方周求方面積法同義

凡方周自乘十六而一 得面積

但以丈尺計方面之四周 爲四箇方邊數 堆積則四
周之數

較四箇方邊數 必少四

蓋四隅之數屬於此邊 卽不得仍屬彼邊

故必各加四隻 相乘方合於方周求面積法

右上一圖 以丈尺言設 每面爲四 合四周而計之 得
一十六

下一圖 方箭積 與上圖全積同 合四周而計之 得十
二

較上圖四周之數 少四 故必各加四隻相乘也

왕감은 이와 같이 네모진 화살단의 모양이 정사각형이므로, 정사각형의 둘레를 이용해서 그 넓이를 구하는 방법을 이용할 수 있다고 설명하고 있다. 즉, 둘레가 l 인 정사각형의 넓이가 $\dfrac{l^2}{16}$ 이라는 사실을 이용할

수 있다고 말하고 있다. 그런데 네 모퉁이에 있는 화살은 이웃한 두 변에 모두 속하므로 둘레에 있는 화살의 척 수에 4를 더해서 제곱해야 한다. 이 사실을 한 변의 길이가 4인 정사각형의 넓이와 한 변에 4개의 화살이 있는 경우를 비교하는 그림을 통해 예시하고 있다. 이에 따라 바깥 둘레에 화살이 n 척 있다면($n = 4m$, m 은 자연수), 전체 화살 S 척은 다음과 같이 구한다.

$$S = \frac{(n+4)^2}{16}$$

❀ • 역자 주해 3 •

극적술

북송의 심괄(沈括, 1031~1095)은 『몽계필담(夢溪筆談)』 제18권에서 '쌓아놓은 바둑돌이나 층을 나누어 쌓아올린 흙 단(壇) 혹은 주점에 쌓아올린 술 단지와 같은 류'와 같이 '비어있는 퇴적체'를 말하는 극적(隙積)의 전체 개수 또는 부피를 구하는 방법을 제시했다.[6]

그는 『구장산술』 제5권 <상공>에서 다룬 여러 가지 입체 중에서 추동(芻童)의 부피를 구하는 방법을 먼저 제시한다. 추동은 오른쪽 그림과 같이 정사각뿔대와 비슷한데, 윗면과 밑면이 모두 직사각형으로, 그 부피 V 는 다음과 같다.

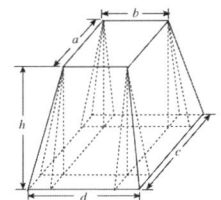

---

6) 여기의 내용은 다음에서 인용했다.
경선징 지음, 유인영 · 허민 역(2006), 『묵사집산법 지』, 교우사, 2006, 170~172면.

$$V = \frac{h}{6}\{(2b+d)a+(2d+b)c\}$$

이 공식은 그림에 나타낸 바와 같이, 주어진 입체를 여러 개의 단순한 입체로 나누고 각각의 부피를 구하여 다음과 같이 확인할 수 있다. [유휘도 이와 같은 방법으로 부피를 구하는 과정을 설명하는 주석을 『구장산술』에 붙였다.]

$V =$ (윗면을 한 밑면으로 하는 사각기둥) + (옆면을 따라 생기는 직육면체의 반과 같은 4개의 칼날) + (귀퉁이에 남은 4개의 사각뿔)

$$= abh + (a \cdot \frac{d-b}{2} \cdot h + b \cdot \frac{c-a}{2} \cdot h) + \frac{1}{3}(c-a)(d-b)h$$

$$= \frac{h}{6}\{6ab + 3a(d-b) + 3b(c-a) + 2(c-a)(d-b)\}$$

$$= \frac{h}{6}(2ab + ad + bc + 2cd)$$

$$= \frac{h}{6}\{(2b+d)a + (2d+b)c\}$$

그런데 심괄은 이 추동의 방법을 오른쪽 그림과 같이 계단이 있는 입체인 극적에 적용하면 실제보다 작은 값을 얻는다는 사실을 관찰하고, 이에 적합한 다음과 같은 공식[극적술]을 (증명 없이) 제시했다.

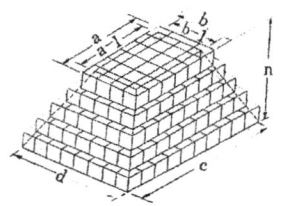

$$S = \frac{n}{6}\{(2b+d)a + (2d+b)c\} + \frac{n}{6}(c-a) \ \cdots\cdots ②$$

이 입체를 한 모서리의 길이가 1인 정육면체를 쌓아만든 것으로 생각하면, 위의 공식으로 얻은 값 S 는 그 입체의 부피이면서 또한 쌓아올린 정육면체의 개수를 뜻한다. 또, 오른쪽 그림과 같이 공을 쌓아만든 더미에 있는 공의 개수를 구하는 데 이용할 수 있다.

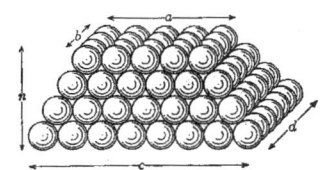

공식 ②를 오른쪽 그림과 같이 먼저 옆면을 따라 계단의 일부를 잘라내어 얻은 추동의 부피와 잘라낸 부분의 부피를 더해서 전체의 부피를 구할 수 있다.

잘라내어 얻은 추동은 윗면 모서리의 길이가 $a-1$과 $b-1$이고 밑면 모서리의 길이는 그대로 c와 d이며 높이는 n이므로 그 부피는 다음과 같다.

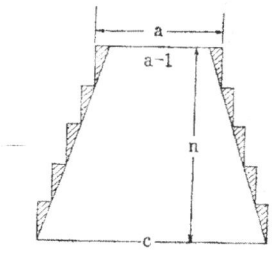

$$\frac{n}{6}\left[2(b-1)+d(a-1)+2d+(b-1)c\right]$$

그리고 옆면에 있는 각 정육면체에서 잘라낸 부분의 부피는 $\frac{1}{4}$이고, 옆 모서리에 있는 각 정육면체에서 잘라낸 부분의 부피는 $\frac{5}{12}$이며[오른쪽 그림 참조], 각각의 개수는 다음과 같다.

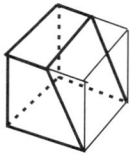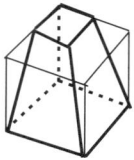

$\frac{1}{4}$이 잘린 것 : $\{(a-2)+(a-1)+\cdots+(c-2)\} \times 2$

$\qquad\qquad +\{(b-2)+(b-1)+\cdots+(d-2)\} \times 2,$

$\frac{5}{12}$가 질린 것 : $4n$

여기서 $d-b=c-a=n-1$이다. 따라서 공식 ②는 다음과 같이 유도된다.

$$S = \frac{n}{6}\left[2(b-1)+d(a-1)+2d+(b-1)c\right]+\frac{5}{12}\times 4n$$

$$+\frac{1}{4}n(c-2+a-2)+n(d-2+b-2)$$

$$=\frac{n}{6}\{(2b+d)a+(2d+b)c-(2b+d)-2(a-1)-c\}$$

$$+\frac{n}{12}20+3(c+a+d+b-8)$$

$$=\frac{n}{6}\{(2b+d)a+(2d+b)c\}$$

$$+\frac{n}{12}-2(2b+d)-4(a-1)-2c-4+3(c+a+d+b)$$

$$=\frac{n}{6}\{(2b+d)a+(2d+b)c\}+\frac{n}{12}(d-b+c-a)$$

$$=\frac{n}{6}\{(2b+d)a+(2d+b)c\}+\frac{n}{6}(c-a)$$

하-2-4. 지금 과일 삼각타가 있는데, 각 면의 아랫줄에 44개씩 있다. 모두 몇 개인가?

今有三角垛果子 每面底子四十四箇 問共積幾何

답 1만 5180개

答曰 一萬五千一百八十箇

해법 아랫줄에 있는 개수를 놓고 3을 첨가한다. 이에 아랫줄에 있는 개수를 곱하여 수[2068]를 얻는다. 또, 2개를 첨가한다. 또, 이에 아랫줄에 있는 개수를 곱하여 얻은 9만 1080을 실이라고 하자. 6을 법으로 하여, 실을 법으로 나눈다. 문제에 맞는다.

術曰 列底子 添三 以底子乘之 得數 又添二 又以底子乘之 得九萬
一千八十 爲實 以六爲法 實如法而一 合問

🏵 **• 역자 주해 1 •**

해법의 계산 과정을 다음과 같이 나타낼 수 있다.

$$\frac{(44+3)\times 44 + 2\times 44}{6} = \frac{(2068+2)\times 44}{6} = \frac{(2068+2)\times 44}{6}$$

$$= \frac{91080}{6} = 15180(개)$$

🏵 **• 역자 주해 2 •**

왕감은 『산학계몽술의』에서 다음과 같이 설명하고 있다.

왕감안 이것은 입체 삼각형이다.

무릇 입체 삼각형의 부피는 아랫변이 같고 높이가 같은 정육면체 부피의 $\frac{1}{6}$ 이다. 과일 더미는 마땅히 가법을 써서 서로 곱해서 그 모자라는 것을 보충한다. 법과 서로 곱한 뒤에 얻어진 것은 직육면체의 부피인데 6개의 입체 삼각타의 부피와 꼭 같다. 그래서 6을 법으로 한다. 오른쪽 삼각타적은 아래 줄이 4인 것을 예로 들었다.

오른쪽은 아래 줄을 놓고 3을 첨가해서 아래 줄과 곱한 수이다. 오른쪽은 앞의 그림에 또 2를 첨가해서

1층	2층	3층	4층
○	○	○	○
	○○	○○	○○
		○○○	○○○
			○○○○

아래 줄과 곱한
수이다. 잘라서
보면 6개의 삼각
타의 전체 개수
와 꼭 같다.

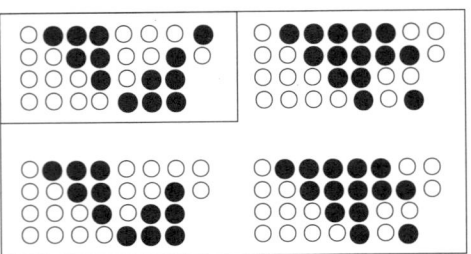

鑑案　此立三角形也
凡立三角積 得同底同高之立方
積六分之一 果垛當用加法相乘
以補其缺處如法相乘後　所得爲
長立方形 恰得六箇立三角垛積
故以六爲法也

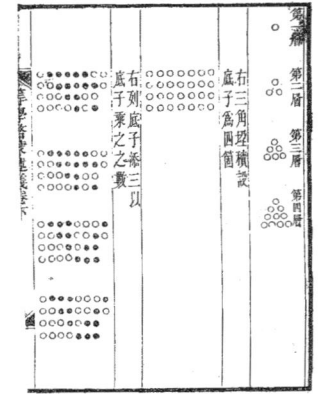

第一層 第二層 第三層 第四層

右三角垛積 設底子爲四箇

右列底子 添三 以底子乘之之數

右卽前圖 又添二 以底子乘之之數 剖而觀之 恰得六箇三角果垛積

　왕감은 이와 같이 입체 삼각형(삼각뿔)의 부피는 대응하는 정육면체의
부피의 $\frac{1}{6}$이라 말하고 있다. 실제로, 밑면이 직각 이등변 삼각형이고 높이
가 밑면의 등변과 같은 '입체 삼각형'의 부피는 그 등변을 한 모서리로 하
는 정육면체의 부피의 $\frac{1}{6}$이다. 왕감은 위의 해법을, 4층으로 이루어진 삼
각타를 이용해서 예시하고 있다. 즉, 각 면의 아랫줄에 과일이 4개씩 있을
때, 크기가 $(4+3) \times 4$ 인 직사각형을 생각하고 이에 2를 더하고 다시 4를
곱한 값 $\{(4+3) \times 4+2\} \times 4$ 가 그런 삼각타에 있는 과일 전체 개수의 6배임

을 그림으로 보여준다.

이에 따라 각 면의 아랫줄에 n 개씩 있는 삼각타의 전체 개수 S 는 다음과 같다.

$$S = \frac{\{(n+3) \times n + 2\} \times n}{6} \left(= \frac{n(n+1)(n+2)}{6} \right) \quad \cdots\cdots ③$$

일반적으로, 각 면의 아랫줄에 n 개씩 있는 삼각과의 전체 개수 S 는 문제 ≪하-2-1≫에서 알아본 처음 n 개의 평삼각퇴(평면 삼각형의 더미)의 합 $\sum_{k=1}^{n} \frac{k(k+1)}{2}$ 이다. 그러므로 다음과 같이 위의 결과를 확인할 수 있다.

$$\sum_{k=1}^{n} \frac{k(k+1)}{2} = \frac{1}{2} \sum_{k=1}^{n} (k^2 + k) = \frac{1}{2} \left(\sum_{k=1}^{n} k^2 + \sum_{k=1}^{n} k \right)$$

$$= \frac{1}{2} \left\{ \frac{n(n+1)(2n+1)}{6} + \frac{n(n+1)}{2} \right\}$$

$$= \frac{1}{2} \cdot \frac{n(n+1)(2n+1+3)}{6}$$

$$= \frac{n(n+1)(n+2)}{6}$$

❀ • 역자 주해 3 •

한편, 각 면의 아랫줄에 n 개씩 있는 삼각과 전체 개수의 2배인 $2S$는 문제 ≪하-2-3≫의 역자 주해 3에 있는 극적술의 공식 ②에서 $a = 2$, $b = 1$, $c = n+1$, $d = n$ 인 경우이므로, 공식 ③을 다음과 같이 유도할 수 있다.

$$2S = \frac{n}{6}\{(2b+d)a+(2d+b)c\}+\frac{n}{6}(c-a)$$

$$= \frac{n}{6}\{(2+n)\times 2+(2n+1)(n+1)\}+\frac{n}{6}(n-1)$$

$$= \frac{n}{6}(4+2n+2n^2+3n+1+n-1)$$

$$= \frac{n}{6}(2n^2+6n+4) = \frac{n}{3}(n^2+3n+2)$$

$$= \frac{n}{3}(n+1)(n+2)$$

이제 양변을 2로 나누면 공식 ③을 얻는다.

하-2-5. 지금 과일 사각타가 있는데, 각 면의 아랫줄에 44개씩 있다. 모두 몇 개인가?

今有四角垛果子 每面底子四十四箇 問共積幾何

답 2만 9370개

答曰 二萬九千三百七十箇

해법 아랫줄에 있는 개수를 놓고 1개 반을 첨가한다. 이에 아랫줄에 있는 개수를 곱하여 수를 얻는다. 또 반 개를 첨가하고, 이에 다시 아랫줄에 있는 개수를 곱하여 얻은 8만 8110을 실이라고 하자. 3을 법으로 하여, 실을 법으로 나눈다. 문제에 맞는다.

術曰 列底子 添一箇半 以底子乘之 得數 又添半箇 又以底子乘之 得
八萬八千一百一十 爲實 以三爲法 實如法而一 合問

해법의 계산 과정을 다음과 같이 나타낼 수 있다.

$$\left\{\left(44+\frac{3}{2}\right)\times 44+\frac{1}{2}\right\}\times 44\div 3 = \left(2002+\frac{1}{2}\right)\times 44\div 3 = 88110\div 3 = 29370(개)$$

 • 역자 주해 2 •

왕감은 『산학계몽술의』에서 다음과 같이 설명하고 있다.

왕감안 이것은 정사각뿔의 풀이법과 대략 같다. 다만 타적(쌓아올린 것)은 반드시 그 모자라는 부분을 보완해야 한다. 따라서 가법을 이용해서 서로 곱한다.

오른쪽의 사각타적은 아랫줄이 4로 설정하였다.

1층	2층	3층	4층

오른쪽은 아랫줄을 놓고 한 개 반을 첨가해서 아랫줄과 곱한 수이다.

오른쪽은 곧 앞의 그림에 또 반 개를 첨가해서 아랫줄과 곱한 수이다.

● 퇴적환원문   47

오른쪽은 바로 앞의 그림에서 그 반쪽들을 취해서 더하면 피차 서로 보완되고 3개의 사각타적과 똑같다.

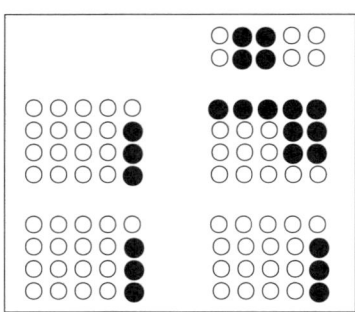

鑑案　此與方錐術略同
　　　但垛積須補 其缺處 故用加法相乘

第一層 第二層 第三層 第四層

右四角垛積 設底子爲四箇

右列底子 添一箇半 以底子乘之之數

右卽前圖又添半箇 以底子乘之之數

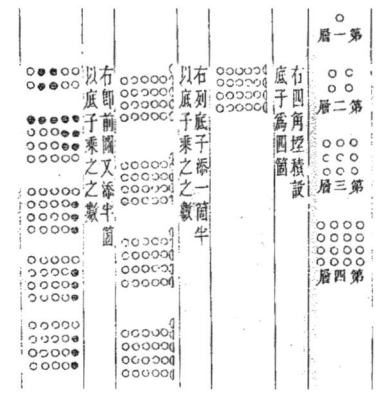

右卽前圖取其半者 合之 彼此相補 恰得三箇四角垛積

　왕감은 이와 같이 사각타에 관한 문제는 정사각뿔의 계산법을 보완해서 해결할 수 있다고 말하고 있다. 그리고 위의 해법을, 4층으로 이루어진 사각타를 이용해서 예시하고 있다. 즉, 각 면의 아랫줄에 과일이 4개씩 있을 때, 크기가 $(4+1.5) \times 4$ 인 직사각형을 생각하고 이에 0.5를 더하고 다시 4를 곱한 값 $\{(4+1.5) \times 4+0.5\} \times 4$ 가 그런 사각타에 있는 과일 전체 개수의 3배임을 그림으로 보여준다.

　이에 따라 각 면의 아랫줄에 n 개씩 있는 사각타의 전체 개수 S 는 다음과 같다.

$$S = \frac{\left\{\left(n+\frac{3}{2}\right)n+\frac{1}{2}\right\}n}{3} \left(=\frac{\{(2n+3)n+1\}n}{6}=\frac{n(n+1)(2n+1)}{6}\right) \ \cdots\cdots \ ④$$

일반적으로 각 면의 아랫줄에 n 개씩 있는 사각타의 전체 개수 S는, 문제 《하-2-3》 역자 주해 3에 있는 극적술의 공식 ②에 $a=b=1$과 $c=d=n$ 을 대입해서 다음과 같이 공식 ④를 유도할 수 있다.

$$S = \frac{n}{6}\{(2b+d)a+(2d+b)c\}+\frac{n}{6}(c-a)$$

$$= \frac{n}{6}\{(2+n)+(2n+1)n\}+\frac{n}{6}(n-1)$$

$$= \frac{n}{6}(2+n+2n^2+n+n-1)$$

$$= \frac{n}{6}(2n^2+3n+1)$$

$$= \frac{n}{6}(n+1)(2n+1)$$

하-2-6. 지금 구가 하나 있는데, 지름이 1자 6치이다. 부피는 얼마 인가?

今有圓毬一隻 徑一尺六寸 問積幾何

답 　2304치

答曰 　二千三百四寸

해법 1자 6치를 놓고 세제곱한다. 또 9를 곱하면 3만 8964치를 얻는다.

16을 법으로 하여, 나눈다. 문제에 맞는다.

術曰 列一尺六寸 再自乘 又九因 得三萬六千九百六十四寸 以一十
六 而一 合問

🌸 • 역자 주해 1 •

해법에서는 지름이 16치인 구의 부피 V를 다음과 같이 계산했다.

$$V = 16^3 \times 9 \div 16 = 4096 \times 9 \div 16 = 36864 \div 16 = 2304(치)$$

이는 구의 지름을 $d = 2r$이라 할 때, 다음과 같이 구의 부피를 구한 것
이다.

$$V = \frac{9d^3}{16} = \frac{9}{2}r^3$$

『구장산술』 제4권 「소광」의 제23, 24문은 구의 부피로부터 지름을 구
하는 문제를 다루고 있다. 그 해법인 다음의 개립원술(開立圓術)로부터 위
의 공식이 유도된다.

부피의 세제곱자수를 16배하고 9로 나누어 얻은 값의 세제곱근을 구하면 곧
지름이다.
置積尺數 以十六乘之 九而一 所得 開立方除之 卽丸經[7]

---

[7] $2r = \sqrt[3]{\dfrac{16V}{9}}$ 이므로 $V = \dfrac{9}{16}(2r)^3 = \dfrac{9}{2}r^3$이다.

그런데 반지름이 r 인 구의 부피는 $V=\dfrac{4\pi}{3}r^3$ 이므로, 위의 방법은 참값과 차이가 크게 난다. 실제로 정확한 공식과 비교하면 위의 공식은 원주율을 다음과 같이 택한 것과 같다.

$$\frac{4}{3}\pi=\frac{9}{2},\ \pi=\frac{9}{2}\times\frac{3}{4}=\frac{27}{8}=3.375$$

 • 역자 주해 2 •

왕감은 『산학계몽술의』에서 다음과 같이 설명하고 있다.

> **왕감안** 고법으로 원의 넓이는 (외접하는) 정사각형 넓이의 $\dfrac{3}{4}$ 이다. 그러므로 구의 부피는 (외접하는) 정육면체 부피의 $\dfrac{9}{16}$ 이다.
> 서양의 방법으로 구의 부피는 높이와 지름이 서로 같은 원기둥 부피의 $\dfrac{2}{3}$ 이다. 고법에 비해 정밀하다.

> **鑑案** 古法圓面積 得方面積四分之三 故圓毬積 得立方積十六分之九
> 西法圓毬積 得高徑等之圓困積三分之二. 較古率爲密

왕감은 이와 같이 고법에서는 원의 넓이를 외접하는 원의 $\dfrac{3}{4}$ 으로 택하고, 이에 따라 구의 부피는 외접하는 정육면체의 $\dfrac{9}{16}$ 로 택한다고 말하고 있다.

또, 서양에서는 구의 부피를 외접하는 원기둥의 $\dfrac{2}{3}$ 로 택하는데, 이것이 더 정확하다고 말하고 있다. 서양의 방법은 그리스의 아르키메데스가 발견한 방법이다. 밑면의 반지름이 r 이고 높이가 $2r$ 인 원기

둥의 부피가 $\pi r^2 \cdot 2r = 2\pi r^3$이므로 이에 내접하는
구의 부피는 다음과 같이 정확하다.

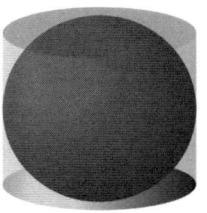

$$V = \frac{2}{3} \cdot 2\pi r^3 = \frac{4\pi}{3}r^3$$

❀ • 역자 주해 3 •

유휘는 『구장산술』의 주석에서 구에 관한 위의 공식 정확하지 않음을
밝혔지만, 정확한 공식은 제시할 수 없었다.

그 뒤, 원주율에 대한 매우 정확한 근사값을 구했던 조충지의 아들 조
항지(祖恒之)가 다음과 같이 계산했다고, 이순풍은 『구장산술』 제4권 「소
광」 제23, 24문의 주석에서 밝혔다.

　　2를 구의 부피에 곱하여 세제곱근을 구하면 구의 지름이다.
　　以二乘積開立方除之卽立圓經

이는 고법에 따라 $\pi = 3$ 이라 할 때, 구의 부피를 구할 수 있는 정확한
공식이다. 왜냐하면 구의 지름을 d, 반지름을 r, 부피를 V라고 하면 다음
을 얻기 때문이다.

$$\sqrt[3]{2V} = d, \ \ 2V = d^3, \ \ V = \frac{(2r)^3}{2} = 4r^3 = \frac{4}{3}\pi r^3$$

조항지의 이 연구 결과는 후세에 제대로 전달되지 않은 것으로 보이
며, 주세걸도 이를 몰랐던 것으로 보인다.

하-2-7. 지금 금으로 만든 공이 하나 있는데, 둘레가 3자 6치이고 두께가 4푼이다. 무게는 얼마인가?

今有金毬一隻 周三尺六寸 厚四分 問重幾何

답 181근 11냥 6.48전

答曰 一百八十一斤 一十一兩六錢四分八釐

해법 3자 6치를 놓고, 3으로 나누어 얻은 1자 2치가 빈 속과 겉 부분을 합친 전체의 지름이다. 세제곱하면 1728치를 얻는다. 또, 9를 곱하고 16으로 나누면 972치를 얻는다. 「이것은 빈 속과 겉 부분을 합친 전체 부피다.」 이를 자리에 맡겨 두자. 또, 지름 1자 2치를 놓고 위와 아래의 두께 8푼을 뺀 나머지는 1자 1치 2푼이다. 세제곱하면 1404치 9푼 2리 8호를 얻는다. 또, 9를 곱하고 16으로 나누면 790치 2푼 7리 2호를 얻는다. 「이것은 빈 속의 부피다.」 이를 맡겨둔 자리에서 뺀 나머지가 단위가 치인 금의 부피이다. 1치 미만의 값은 16을 곱해서 단위를 냥으로 나타낸다. 「모서리가 1치인 정육면체의 금의 무게는 1근이다.」 문제에 맞는다.

術曰 列三尺六寸 以三而一 得一尺二寸 爲虛實之徑 再自乘 得一千七百二十八寸 又九之 十六而一 得九百七十二寸 「乃虛實共積也」 寄位 又列徑一尺二寸 減上下厚八分 餘一尺一寸二分 再子乘 得一千四百四寸 九分二釐八毫 又九因 十六而一 得七百九十寸 二分七釐二毫 「乃虛積數」 以減寄位 餘金積寸也 寸下分者 身外加六 爲兩 「金自方一寸重一斤」 合問

이 문제에서는 금으로 만든 속이 빈 구의 무게를 구하고 있다. 앞의 문제 ≪하-2-6≫에서 제시한 구의 부피 공식에 따라 구한 전체 구의 부피에서 안쪽 빈 공간의 부피를 빼서 금의 부피를 구한 다음에 금의 무게를 구한다. 그 과정은 다음과 같다.

- 둘레가 36치인 구의 지름 d_1과 부피 V_1을 구한다.

  $d_1 = 36 \div 3 = 12$(치),

  $V_1 = 12^3 \times 9 \div 16 = 1728 \times 9 \div 16 = 972$(세제곱치)

- 금 구의 두께를 빼서 안쪽 지름 d_2와 금 구 안쪽의 부피 V_2를 구한다.

  $d_2 = $ (바깥쪽 지름)$-2 \times$(금 구의 두께) $= 12-2 \times 0.4 = 11.2$(치)

  $V_2 = 11.2^3 \times 9 \div 16 = 1404.928 \times 9 \div 16 = 790.272$(세제곱치)

- 금의 부피 V_1-V_2를 구한다.

  $V_1-V_2 = 972-790.272 = 181.728$(세제곱치)

- 금의 무게와 부피 사이의 관계 '1세제곱치 = 1근'을 이용하여 금의 무게를 구하고, 관계 '1근 = 16냥, 1냥 = 10전'을 이용하여 간단하게 나타낸다.

  181.728세제곱치 = 181.728근 = 181근 (0.728 × 16)냥

  　　　　　　 = 181근 11.648냥 = 181근 11냥 6.48전

하-2-8. 지금 건초 더미가 있는데, 모두 1485단이다. 가장 아랫줄에 몇 단이 있는가?

今有茭草 積一千四百八十五束 問底面幾何

답 54단

答曰 五十四束

해법 전체의 단 수를 놓고, 이를 배로 하여 얻은 2970을 실이라고 하자. 1을 종방이라 하고 1을 염법이라 하여, 평방[이차 방정식]을 푼다. 문제에 맞는다.

術曰 列積 倍之 得二千九百七十 爲實 以一爲從方 一爲廉法 開平方 除之 合問

🌸 • 역자 주해 •

문제 《하-2-1》에서 알아본 대로, 건초 더미에서 아랫줄에 n단 있을 때 건초 더미 전체의 단 수는 $S = n(n+1) / 2$ 이므로, 다음을 얻는다.

$$\frac{n(n+1)}{2} = 1485, \; n(n+1) = 2970 \text{ 또는 } n^2 + n = 2970 \; \cdots\cdots \text{①}$$

이에 따라 아랫줄에 있는 건초의 단 수를 구하기 위해서는 이차 방정식의 풀이가 요구된다. 이에 위의 해법에서는 상수항(실)이 2970, 일차항(종방)이 1, 이차항(염법)이 1인 이차 방정식을 풀면 된다고 말하고 있다.

이런 다항 방정식의 풀이 방법은 이 책의 마지막 장 「개방석쇄문」에서 자세하게 다루겠다.

하-2-9. 지금 둥근 화살이 271척 있다. 바깥 둘레에는 몇 척 있는가?

今有圓箭二百七十一隻 問外周幾何

답   54척
答曰 五十四隻

해법 화살 전체의 척 수를 놓고, 1을 뺀 나머지에 12를 곱해서 얻은 3240을 실이라고 하자. 6을 종방이라 하고 1을 염법으로 하여 평방[이차 방정식]을 푼다. 문제에 맞는다.
術曰 列積 減一 餘以十二乘之 得三千二百四十 爲實 以六爲從方 一 爲廉法 開平方除之 合問

🌸 • **역자 주해** •

문제 ≪하-2-2≫에서 알아본 대로, 바깥 둘레에 둥근 화살이 n 척 있을 때 화살 전체의 척 수는 $S = 1 + n(n+6)/12$ 이므로, 다음을 얻는다.

$$\frac{n(n+6)}{12} + 1 = 271, \quad \frac{n(n+6)}{12} = 270,$$

$n(n+6) = 3240$ 또는 $n^2+6n = 3240$ ····· ①

이에 따라 바깥 둘레에 있는 둥근 화살의 척 수를 구하기 위해서는 이차 방정식의 풀이가 요구된다. 이에 위의 해법에서는 상수항(실)이 3240, 일차항(종방)이 6, 이차항(염법)이 1인 이차 방정식을 풀면 된다고 말하고 있다.

하-2-10. 지금 네모진 화살이 144척 있다. 바깥 둘레에는 몇 척 있는가?

今有方箭一百四十四隻 問外周幾何

답　44척
答曰　四十四隻

해법　화살 전체를 놓고, 1을 뺀 나머지를 16과 곱하여 얻은 2288척을 실이라고 하자. 8을 종방이라 하고 1을 염법으로 하여 평방[이차 방정식]을 푼다. 문제에 맞는다.

術曰　列積 減一 餘 以十六乘之 得二千二百八十八 爲實 以八爲從方 一爲廉法 開平方除之 合問

❀ ・**역자 주해 1** ・

문제 ≪하-2-3≫에서 알아본 대로, 네모진 화살의 경우 바깥 둘레에 화살이 n 척일 때 화살 전체의 척 수는 다음과 같다.

$$S = \left(\frac{n+4}{4} \right)^2$$

그런데 해법에서는 바깥 둘레에 화살 n 척을 다음과 같이 상수항(실)이 $16(S-1) = 2288$이고 일차항(종방)의 계수가 8이며 이차항의 계수가 1인 이차 방정식을 풀어 구하고 있다.

$$n^2 + 8n = 16(S-1) = 16S - 16 = 2288$$

❁ • 역자 주해 2 •

왕감은 『산학계몽술의』에서 다음과 같이 설명하고 있다.

왕감안 이것은 셋째 문제의 환원이다. 다만 앞의 풀이에서 바깥 둘레에 있는 화살의 척 수로 전체의 척 수를 구할 때은, 각각 4척을 더해서 서로 곱하고 16으로 나누었다.

지금은 전체의 척 수를 놓고 1을 뺀 값에 16을 곱해서 실로 하고, 8을 종방으로 한다. 환원의 방법이 아닌 것 같지만, 전이의 오묘함이 상당하다.

만약 앞의 방법을 쓴다면, 환원법은 마땅히 16을 곱한 값의 제곱근을 풀어 수를 얻을 것이다. 이는 바깥 둘레에 4척을 더한 수이다. 이 방법과 같지 않다. 지름으로 바깥 둘레를 구하는 것이 첩경이다.

그림과 같이 신을(辛乙)은 바깥 둘레의 척 수이고, 정계(丁癸), 병임(丙壬), 신경(辛庚), 갑기(甲己)는 모두 이와 같다.

갑신(甲辛)은 4척이고, 기경(己庚), 병정(丙丁), 정경(丁庚), 무정(戊丁),

임계(壬癸)는 모두 이와 같다.

사각형 갑을계무(甲乙癸戊)는, 각각 4척을 더해서 서로 곱한 척 수, 즉 네모진 화살 전체 척 수의 16배다.

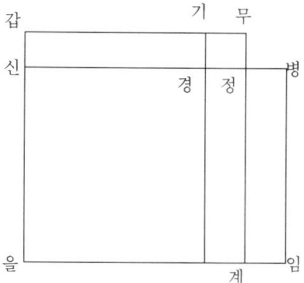

이제 네모진 화살의 척 수에서 1을 빼고 16을 곱한 값은, 네모진 화살 척 수의 16배에서 16척을 뺀 것과 서로 같다.

이 16척은 4척을 4척에 곱한 수로, 기경정무(己庚丁戊)와 같다.

이제 사각형 갑을계무(甲乙癸戊)에서 기경정무(己庚丁戊)를 뺀 나머지는 사각형 신을계정(辛乙癸丁)과 갑신경기(甲辛庚己)의 합과 같다.

그런데 갑신경기(甲辛庚己)는 정계임병(丁癸壬丙)과 같으므로 사각형 갑을계무(甲乙癸戊)에서 기경정무(己庚丁戊)를 뺀 나머지는 신을임병(辛乙壬丙)과 같다.

신경(辛庚)은 바깥 둘레의 척 수이고 경병(庚丙)은 8척이므로, 신을임병(辛乙壬丙)은 바깥 둘레에 8을 더해서 바깥 둘레와 곱한 수이다.

그러므로 네모진 화살 척 수의 16배에서 16척을 빼서 실로 하고 8을 종방 1을 염법으로 해서 제곱근을 풀면 바깥 둘레를 얻는다.

鑑案 此第三問之還源也

但前術外周求積 各加四隻相乘 以十六除之

今列積 減一 以十六乘之 爲實 以八爲從方

似非還源之法 然頗有轉移之妙

若用前術 還源法 當以十六乘積 開平方 得數 乃外周加四隻之數

不如此術徑求外周爲捷也

如圖辛乙爲外周數 丁癸丙壬辛庚甲己俱同

甲辛爲四隻 己庚丙丁丁庚戊丁壬癸俱同

甲乙癸戊係各加四隻 相乘之積 卽十六箇方箭積

今以方箭積減一 以十六乘之 與十六箇方箭積 內減十六隻 相等

此十六隻係四隻乘四隻之數　與己庚丁戊等
今於甲乙癸戊形內減去己庚丁戊　餘辛乙癸
丁　及　甲辛庚己
而甲辛庚己等於丁癸壬丙　則甲乙癸戊減去
己庚丁戊　與辛乙壬丙等
辛庚爲外周數　庚丙爲八隻數　辛乙壬丙　乃外
周加八隻　以外周乘之之數
故十六箇方箭積內減去十六隻　爲實　以八爲從方　一爲廉法　開平方
得外周也

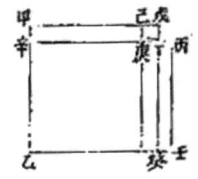

　　왕감은 이와 같이 문제 ≪하-2-3≫에
서 이용한 방법을 환원하는 방법과 함
께, 위의 이차 방정식을 풀어서 원하는
값을 구할 수 있음을 그림을 이용해서
설명하고 있다. 즉, 오른쪽 그림에서
신을 = 갑기 $= n$ 이고 갑신 = 병정 = 정
경 $= 4$ 일 때 $(n+4)^2 = 16S$ 로부터 n^2+8n

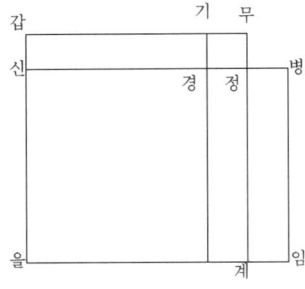

$= 16S-16$으로 변환하는 과정을 다음과 같이 보여주고 있다.

　　□갑을계무 $= (n+4)^2 = 16S$ 이고　□기경정무 $= 4^2 = 16$이므로,　다음을
얻는다.

　　　□갑을계무−□기경정무($= 16S-16$)
　　　　$=$ □신을계정$+$□갑신경기
　　　　$=$ □신을계정$+$□정계임병
　　　　$=$ □신을임병 $= n^2+8n$

　　대수적으로 식을 변형해서 다음과 같이 위의 결과를 확인할 수 있다.

$$S = \left(\frac{n+4}{4} \right)^2 = \frac{n^2 + 8n + 16}{16} = \frac{n^2 + 8n}{16} + 1, \ n^2 + 8n = 16(S-1)$$

하-2-11. 지금 과일 삼각타가 있는데, 모두 1만 5180개다. 각 면의 아랫줄에는 몇 개 있는가?

今有三角垛果子 積一萬五千一百八十箇 問底子一面幾何

답 44개

答曰 四十四箇

해법 전체의 개수를 놓고, 6을 곱하여 얻은 9만 1080을 실이라고 하자. 2를 종방, 3을 종렴, 1을 우법이라고 하여, 입방[삼차 방정식]을 푼다. 문제에 맞는다.

術曰 列積 六之 得九萬一千八十 爲實 以二爲從方 三爲從廉 一爲隅法 開立方除之 合問

🏵 **· 역자 주해 ·**

문제 ≪하-2-4≫에서 알아본 대로, 삼각타에서 아랫줄에 n개 있을 때 삼각타 전체의 개수는 $S = \dfrac{\{(n+3) \times n + 2\} \times n}{6}$ 이므로, 다음을 얻는다.

$$\frac{\{(n+3) \times n + 2\} \times n}{6} = 15180,$$

$$n^3 + 3n^2 + 2n = 91080 \ \cdots \cdots \ ①$$

그러므로 해법에서 제시한 대로, 상수항(실)이 91080, 일차항(종방)이 1, 이차항(종렴)이 3, 최고차항의 계수(우법)가 1인 삼차 방정식(입방) ①을 풀면, 원하는 값을 얻는다.

하-2-12. 지금 과일 사각타가 있는데, 모두 2만 9370개다. 각 면의 아랫줄에 몇 개 있는가?

今有四角垛果子 積二萬九千三百七十箇 問底子一面幾何

답 44개

答曰 四十四箇

해법 전체의 개수를 놓고, 3을 곱하여 얻은 8만 8110을 실이라고 하자. 반 개를 종방, 1개 반을 종렴, 1을 우법으로 하는 입방[삼차 방정식]을 푼다. 문제에 맞는다.

術曰 列積 三之 得八萬八千一百一十 爲實 以半箇爲從方 一箇半爲 從廉 一爲隅法 開立方除之 合問

🌸 • 역자 주해 •

문제 ≪하-2-5≫에서 알아본 대로, 사각타에서 아랫줄에 n 개 있을 때 사각타 전체의 개수는 $S = \dfrac{\left\{\left(n + \dfrac{3}{2}\right)n + \dfrac{1}{2}\right\}n}{3}$ 이므로, 다음을 얻는다.

$$\dfrac{\left\{\left(n+\dfrac{3}{2}\right)n+\dfrac{1}{2}\right\}n}{3} = 29370,$$

$$n^3+\dfrac{3}{2}n^2+\dfrac{1}{2}n = 88110 \ \cdots\cdots \ ①$$

그러므로 해법에서 제시한 대로, 상수항(실)이 88110, 일차항(종방)이 $\dfrac{1}{2}$, 이차항(종렴)이 $\dfrac{3}{2}$, 최고차항의 계수(우법)가 1인 삼차 방정식(입방) ①을 풀면, 원하는 값을 얻는다.

하-2-13. 지금 있는 구의 부피가 2304치다. 구의 지름은 얼마인가?

今有立圓積二千三百四寸 問爲立圓經幾何

답   1자 6치

答曰   一尺 六寸

해법   부피의 치수를 놓고, 이에 16을 곱하고 9로 나누어 얻은 4096치를 실이라고 하자. 1을 우법으로 하여 입방[삼차 방정식]을 푼다. 얻은 것은 문제에 맞는다.

術曰   列積寸 以十六乘之 九而一 得四千九十六寸 爲實 以一爲隅法 開立方除之 卽得 合問

문제 ≪하-2-6≫에서 알아본 대로, 지름이 d인 구의 부피는 $V = \dfrac{9d^3}{16}$ 이므로, 다음을 얻는다.

$$\dfrac{9d^3}{16} = 2304,$$

$$d^3 = 2304 \times 16 \div 9 = 4096 \cdots\cdots ①$$

그러므로 해법에서 제시한 대로, 상수항(실)이 4096, 일차항이 0, 이차항이 0, 최고차항(우법)이 1인 삼차 방정식(입방)을 풀면, 원하는 값을 얻는다.

동아시아의 전통 수학에서는 제곱근 풀이와 세제곱근 풀이를 각각 방정식의 풀이로 생각했다.

하-2-14. 지금 과일 삼각타와 사각타가 각각 한 무더기씩 있는데, 전체는 685개다. 다만, 삼각타 밑면의 한 모서리에 있는 과일은 사각타 밑면의 한 모서리보다 7개 부족하다고 한다. 두 가지 더미 밑면의 한 모서리에는 각각 몇 개씩 있는가?

今有三角四角果子 各一所 共積六百八十五箇 只云 三角底子一面
不及四角底子一面七箇 問二色底子一面各幾何

답 삼각타 밑면의 한 모서리 5개
　　　사각타 밑면의 한 모서리 12개
答曰 三角底面 五箇

四角底面 一十二箇

해법 전체의 개수에 6을 곱해서 얻은 4110을 윗자리에 놓는다. 부족한 7개를 놓고, 세 자리를 만들어 윗자리는 2배하고 1을 더해서 15를 얻고, 가운데 자리는 1을 더해서 8을 얻고, 아랫자리에서는 7을 얻는다. 세 수를 서로 곱하면 840을 얻는다. 이를 윗자리에 놓은 수에서 뺀 나머지 3270을 실이라고 하자. 부족한 7개를 2배해서 1을 더하면 15를 얻는다. 이를 제곱해서 얻은 225를 윗자리에 놓는다. 또, 부족한 7을 놓고 1을 더해서 2배로 하면 16을 얻는다. 이에 부족한 7을 곱하면 112를 얻는다. 또, 2를 더해서 윗자리에 있는 수에 더하면 모두 339를 얻고 종방이라고 하자. 또, 부족한 7을 놓고 1을 더하면 8이다. 이에 6을 곱해서 얻은 48을 종렴이라고 하자. 3을 우법으로 하는 입방[삼차 방정식]을 풀면, 삼각타 밑면의 한 모서리에 있는 5개를 얻는다. 부족한 7개를 더하면, 곧 사각타 밑면의 한 모서리에 있는 12개이다. 문제에 맞는다.

術曰 六之共積 得四千一百一十 於上位 列不及七箇 張三位 上位倍之加一 得一十五 中位加一 得八 下位 得七 三位互乘 得八百四十 以減上位 餘三千二百七十 爲實 倍不及七 加一 得一十五 自之 得二百二十五 於上位 又列不及七 加一 倍之 得一十六 以不及七乘之 得一百一十二 又加二 倂入上位 共得三百三十九 爲從方 又列不及七 加一 得八 六之 得四十八 爲從廉 以三爲隅法 開立方除之 得三角底子一面五箇 加不及七箇 卽四角底子一面一十二箇 合問

삼각타와 사각타가 각각 한 더미씩 있는데, 전체 과일의 개수를 알고 가장 아랫줄에 있는 과일 개수의 차를 알 때, 각 더미의 아랫줄에 있는 과일을 개수를 구하고 있다. 문제 ≪하-2-11≫과 ≪하-2-12≫를 합친 것과 같다.

왕감의 주석에서 언급한 대로,[8] 해법에서는 삼각타 밑면의 한 변에 있는 물건 개수를 미지수(천원)로 놓고 천원술을 이용해서 방정식(개방식)을 구하고 있다. 그 과정은 미지수가 x 인 식을 전개하고 정리해서 최종적인 방정식을 얻는 현대적인 방법과 일치한다.

삼각타의 밑면의 한 변에 있는 물건 개수를 x 라 하면, 문제 ≪하-2-4≫에서 알아본 대로 삼각타 전체의 개수는 $\dfrac{\{(x+3)\times x+2\}\times x}{6}=\dfrac{x^3+3x^2+2x}{6}$ 이다. 한편, 사각타의 밑면의 한 변에 n 개 있을 때 사각타 전체의 개수는 다음과 같다.

$$\frac{\left\{\left(n+\dfrac{3}{2}\right)n+\dfrac{1}{2}\right\}n}{3}=\frac{n(n+1)(2n+1)}{6}$$

그런데 여기서 사각타의 밑면의 한 변에 $x+7$ 개 있으므로, 사각타 전체의 개수는 다음과 같다.

$$\frac{(x+7)(x+8)(2x+15)}{6}$$

그러므로 다음 방정식을 풀어야 한다.

---

8) 이것은 천원술로 개방식을 구한 것이다. (此以天元一術求得開方式)

$$\frac{x^3 + 3x^2 + 2x}{6} + \frac{(x+7)(x+8)(2x+15)}{6} = 685 \quad \cdots\cdots \text{①}$$

위의 해법에서는 식 $(x+7)(x+8)(2x+15)$의 전개에 해당하는 부분이 주로 설명되어 있는데, 그 과정을 현대적인 방법과 비교해서 제시하면 다음과 같다.

1. 전체의 개수에 6을 곱해서 얻은 4110을 윗자리에 놓는다.

   방정식 ①의 양변에 6을 구한다.
   $$(x^3 + 3x^2 + 2x) + (x+7)(x+8)(2x+15) = 685 \times 6 = 4110 \quad \cdots\cdots \text{②}$$

2. 부족한 7개를 놓고, 세 자리를 만들어 윗자리는 2배하고 1을 더해서 15를 얻고, 가운데 자리는 1을 더해서 8을 얻고, 아랫자리에서는 7을 얻는다. 세 수를 서로 곱하면 840을 얻는다. 이를 윗자리에 놓은 수에서 뺀 나머지 3270을 실이라고 하자.

   방정식 ②의 [우변으로 이항한] 상수항(실)을 구한다.
   $$4110 - 7 \times 8 \times 15 = 4110 - 840 = 3270$$

3. 부족한 7개를 2배해서 1을 더하면 15를 얻는다. 이를 제곱해서 얻은 225를 윗자리에 놓는다. 또, 부족한 7을 놓고 1을 더해서 2배로 하면 16을 얻는다. 이에 부족한 7을 곱하면 112를 얻는다. 또, 2를 더해서 윗자리에 있는 수에 더하면 모두 339를 얻고 종방이라고 하자.

   방정식 ②의 일차항의 계수(종방)를 구한다.
   $$8 \times 15 + 7 \times 15 + 7 \times 8 \times 2 + 2 = (8+7) \times 15 + 7 \times (8 \times 2) + 2$$
   $$= 15 \times 15 + 7 \times 16 + 2 = 225 + 112 + 2 = 339$$

4. 또, 부족한 7을 놓고 1을 더하면 8이다. 이에 6을 곱해서 얻은 48을 종렴이라고 하자.

방정식 ②의 이차항의 계수(종렴)를 구한다.
$$15+2 \times 8+2 \times 7+3 = 15+16+14+3 = 48$$

5. 3을 우법으로 하는 입방[삼차 방정식]을 풀면, 삼각타 밑면의 한 모서리에 있는 5개를 얻는다. 부족한 7개를 더하면, 곧 사각타 밑면의 한 모서리에 있는 12개이다.

방정식 ②의 최고차항의 계수(우법)은 3이므로, 방정식 ①은 다음과 같다.
$$3x^3+48x^2+339x = 3270$$

영부족술문 아홉 문제

盈不足術門 九問

여기서는 물건을 사는 데 필요한 돈을 사람 사이에서 갹출하는 것과 같은 문제를 다루고 있다. 이는 『구장산술』 제7권 〈영부족〉과 관계가 있는데, 자세한 내용은 아래의 역자 주해를 참고하기 바란다.

『산학입문』에서는 '영부족'을 다음과 같이 설명하고 있다.[1]

> 영이란 몫이 되는 수보다 많다는 것이다. 부족이란 몫이 되는 수보다 적다는 것이다. 영은 바로 남는다는 것이고 적은 것이 곧 부족이다.
>
> 盈者多於所分之數也 不足者少於所分之數也○盈卽剩也 少卽不足也

영부족(盈不足, 贏不足)을 영뉵(盈朒) 또는 조뉵(胅朒)이라고도 한다.

---

1) 황윤석 저, 강신원·장혜원 역(2006), 『산학입문』, 이수신편 제22권, 교우사, 90면.

『구장산술』제7권 「영부족」에서는 몇 명의 사람이 돈을 얼마씩 냈을 때 필요한 돈보다 많거나 부족한 상황에서 사람의 수와 필요한 돈을 구하는 문제를 다루고 있다. 처음 8문제를 크게 세 가지 경우로 나누어 해법을 소개하고 있다. [나머지 문제는 이의 응용이다.]

각 경우의 문제 상황과 해법을 소개하면 다음과 같다. 여기서 사람 수를 x, 필요한 돈을 y로 나타낸다.

• 경우 1 : 『구장산술』제7권의 제1, 2, 3, 4문

"각 사람이 a_1씩 내면 c_1이 남고, a_2씩 내면 c_2가 부족하다." [$a_1 > a_2$]

영부족술(盈不足術)　　　　　各 사람의 몫 $\dfrac{y}{x} = \dfrac{a_1 c_2 + a_2 c_1}{c_1 + c_2}$,

$$y = \frac{a_1 c_2 + a_2 c_1}{a_1 - a_2}, \ x = \frac{c_1 + c_2}{a_1 - a_2}$$

영부족일술(盈不足一術)

$$x = \frac{c_1 + c_2}{a_1 - a_2}, \ y = a_1 x - c_1 \ \text{또는} \ y = a_2 x + c_2$$

• 경우 2 : 『구장산술』제7권의 제5, 6문

"각 사람이 a_1씩 내면 c_1이 남고, a_2씩 내면 c_2가 남는다."[제5문]
"각 사람이 a_1씩 내면 c_1이 부족하고, a_2씩 내면 c_2가 부족하다."[제6문]

양영·양부족술(兩盈兩不足術)　　　　各 사람의 몫 $\dfrac{y}{x} = \dfrac{|a_1 c_2 - a_2 c_1|}{|c_1 - c_2|}$,

$$y = \frac{|a_1 c_2 - a_2 c_1|}{|a_1 - a_2|}, \ x = \frac{|c_1 - c_2|}{|a_1 - a_2|}$$

양영 · 양부족일술(兩盈兩不足一術)

$$x = \frac{|c_1 - c_2|}{|a_1 - a_2|}, \ y = a_1 x \pm c_1 \ \text{또는} \ y = a_2 x \pm c_2$$

• 경우 3 : 『구장산술』 제7권의 제7, 8문

"각 사람이 a_1씩 내면 c_1이 남고, a_2씩 내면 꼭 알맞다."[제7문] $[a_1 > a_2]$
"각 사람이 a_1씩 내면 꼭 알맞고, a_2씩 내면 c_1이 부족하다."[제8문] $[a_1 > a_2]$

영적족 · 부족적족술(盈適足不足適足術)

$$x = \frac{|c_1|}{|a_1 - a_2|}, \ y = a_2 x \ \text{또는} \ y = a_1 x$$

위의 영부족술과 양영 · 양부족술에서는 먼저 각 사람의 몫 $\frac{y}{x}$ 를 구하는데, 이는 다음 역자 주해에서 알아볼 영부족술의 응용 문제와 관계가 있다.

다음 표는 위에서 고려한 각 경우를 연립 방정식으로 나타내고, 각 경우의 해를 요약한 것이다. 각 경우와 관련된 『구장산술』 제7권 「영부족」과 『산학계몽』 하권 「영부족술문」의 문항 번호를 함께 제시한다.

『구장산술』에서는 제7권 「영부족」을 연립 방정식과 관련된 제8권 「방정」과 분리해서 다루고 있다. 『산학계몽』에서도 이와 같다. 이는 영부족의 문제를 연립 방정식으로 이해하지 않았음을 보여준다.

해법	연립 방정식	해	『구장산술』	『산학계몽』
영부족술	$\begin{cases} a_1 x = y + c_1 \\ a_2 x = y - c_2 \end{cases}$ $[a_1 > a_2 \dot{>} 0]$	$\dfrac{y}{x} = \dfrac{a_1 c_2 + a_2 c_1}{c_1 + c_2},$ $y = \dfrac{a_1 c_2 + a_2 c_1}{a_1 - a_2}, \ x = \dfrac{c_1 + c_2}{a_1 - a_2}$	1, 2, 3, 4	1, 4, 5
영부족일술		$x = \dfrac{c_1 + c_2}{a_1 - a_2},$ $y = a_1 x - c_1 = a_2 x + c_2$		
양영술	$\begin{cases} a_1 x = y + c_1 \\ a_2 x = y + c_2 \end{cases}$ $[a_1 > a_2 > 0]$	$\dfrac{y}{x} = \dfrac{a_2 c_1 - a_1 c_2}{c_1 - c_2},$ $y = \dfrac{a_2 c_1 - a_1 c_1}{a_1 - a_2}, \ x = \dfrac{c_1 - c_2}{a_1 - a_2}$	5	2
양영일술		$x = \dfrac{c_1 - c_2}{a_1 - a_2},$ $y = a_1 x - c_1 = a_2 x - c_2$		
양부족술	$\begin{cases} a_1 x = y - c_1 \\ a_2 x = y - c_2 \end{cases}$ $[a_1 > a_2 > 0]$	$\dfrac{y}{x} = \dfrac{a_1 c_2 - a_2 c_1}{c_2 - c_1},$ $y = \dfrac{a_1 c_2 - a_2 c_1}{a_1 - a_2}, \ x = \dfrac{c_2 - c_1}{a_1 - a_2}$	6	제2문 해법에서 주석
양부족일술		$x = \dfrac{c_2 - c_1}{a_1 - a_2},$ $y = a_1 x + c_1 = a_2 x + c_2$		
영적족술	$\begin{cases} a_1 x = y + c_1 \\ a_2 x = y \end{cases}$ $[a_1 > a_2 > 0]$	$x = \dfrac{c_1}{a_1 - a_2}, \ y = a_2 x$	7	3
부족적족술	$\begin{cases} a_1 x = y \\ a_2 x = y - c_1 \end{cases}$ $[a_1 > a_2 > 0]$	$x = \dfrac{c_1}{a_1 - a_2}, \ y = a_1 x$	8	제3문 해법에서 주석
영부족(일)술의 응용			9 ~ 20	6 ~ 9

이 「영부족술문」에서 제6문부터 제9문까지의 문제 상황을 현대식으로 나타내면 모두 일차 방정식 $ax+b=c$ 로 귀결된다. 고대에는 어떠한 문화권에서도 이런 경우를 직접 해결하지 못했다. 『구장산술』에서는 이런 문제를 $x=a_1$이라 가정할 때 남는 c_1과 $x=a_2$ 라고 가정할 때 부족한 c_2 를 이용해서 다음과 같이 해를 얻었다.

$$x = \frac{a_1c_2 + a_2c_1}{c_1 + c_2}$$

이를 현대식으로 다음과 같이 설명할 수 있다. 일차 방정식 $ax+b=c$ 의 해를 $x=a_1$이라 하면 c_1의 (양의) 오차가 생기고 $x=a_2$ 라고 하면 c_2 의 (음의) 오차가 생기므로 다음과 같은 연립 방정식을 얻는다.

$$\begin{cases} a_1a = c-b+c_1 \\ a_2a = c-b-c_2 \end{cases}$$

영부족술에 의해 $a = \dfrac{c_1+c_2}{a_1-a_2}$, $c-b = \dfrac{a_1c_2 + a_2c_1}{a_1-a_2}$ 이므로, 구하는 값은 다음과 같다.

$$x = \frac{c-b}{a} = \frac{a_1c_2 + a_2c_1}{c_1 + c_2}$$

이런 영부족술은 아랍 지역을 거쳐 유럽으로 전파되었는데, '이중 가정법(rule of double false position)'이라는 이름을 얻었다. 이는 일차 방정식 $ax = c$ 에서 $x=a_1$이라 가정할 때 $aa_1 = c_1$ 이면 해는 $x = \dfrac{a_1}{c_1}c$ 라는 '가정법(rule of false position)' 또는 '단순 가정법(rule of (single) false position)'과 비교된다. 단순 가정법은 이집트의 아메스 파피루스에도 등장하는데, 오래 전부터 알려졌었다.

하-3-1. 지금 있는 사람들이 은을 나누어 가지려고 하는데, 그 수량은 알지 못한다. 다만 한 사람이 4냥씩 가지면 12냥이 남고, 한 사람이 7냥씩 가지면 60냥이 모자란다고 한다. 은과 사람은 각각 얼마인가?

今有人分銀 不知其數 只云 人分四兩 剩十二兩 人分七兩 少六十兩 問銀及人各幾何

답 은 108냥
사람 24명

答曰 銀 一百八兩
人 二十四

해법 그림

4 사냥	7 칠냥
12 남음	60 부족

에 따라 산대를 펴고, 남는 것과 부족한 것을 유승(維乘)한다. 오른쪽 위로는 84를 얻고 왼쪽 위로는 240을 얻는다. 더하여 얻은 324를 실이라고 하자. 남는 것과 부족한 것을 서로 더하여 얻은 72를 법이라고 하자. 7냥과 4냥을 놓고 작은 것을 큰 것에서 빼면 3이 남는다. 이것으로 법과 실을 나누면, 실은 은의 수량이고 법은 사람의 수이다. 문제에 맞는다.

術曰　依圖布筭 　以盈不足維乘之　右上得八十四　左上二百

四十　併三百二十四　爲實　盈不足相併　得七十二　爲法　列七兩

四兩　以少減多　餘三　兩約法實　實爲銀數　法爲人數　合問

❀ • 역자 주해 1 •

　위의 문제에서는 x 명이 은 y 냥을 나누어 가지는데, 한 사람이 $a_1 = 7$ 냥씩 가지려면 y 냥보다 $c_1 = 60$냥이 더 필요하고, $a_2 = 4$냥씩 가지려면 y 냥보다 $c_2 = 12$냥이 덜 필요하다. [즉, x 명이 y 냥인 물건을 산다고 하면, 한 사람이 $a_1 = 7$냥씩 내면 $c_1 = 60$냥이 남고, $a_2 = 4$냥씩 내면 $c_2 = 12$냥이 부족한 상황과 같다.]

　해법에서는 영부족술을 적용하기 위해서 이 수들을 $\begin{smallmatrix} a_2 & a_1 \\ c_2 & c_1 \end{smallmatrix}$ 과 같이 배열하고 유승한 합 $a_1c_2 + a_2c_1$을 실, 남음과 부족의 합 $c_2 + c_1$을 법으로 하고 내는 몫의 차 $a_1 - a_2$로 실과 법을 각각 나누어 다음과 같이 은의 양과 사람 수를 구했다.

$$은의\ 양 : y = \frac{a_1 c_2 + a_2 c_1}{a_1 - a_2} = \frac{7 \times 12 + 4 \times 60}{7 - 3} = \frac{1080}{3} = 360(냥),$$

$$사람\ 수 : x = \frac{c_1 + c_2}{a_1 - a_2} = \frac{60 + 12}{7 - 4} = \frac{72}{3} = 24(명)$$

　이 해법의 타당성은 연립 방정식 $\begin{cases} a_1 x = y + c_1 \\ a_2 x = y - c_2 \end{cases}$ 을 풀어 입증할 수 있다.

왕감은 『산학계몽술의』에서 위 해법의 정당성을 다음과 같이 기하학적으로 밝히고 있다.

왕감안 이것은 한 번은 남고 한번은 부족한 것이다. 무릇 한 번 남는 것과 한 번 부족한 것을 서로 아울러서 법과 실로 한다. 이에 내는 몫을 서로 빼고 남은 수로 나눈다.

그림과 같이 갑을(甲乙)은 4냥이라 하자. 무기(戊己)도 같다. 갑정(甲丁)은 7냥이라 하자. 무신(戊辛)도 같다. 갑무(甲戊)를 사람 수라 하자. 을기(乙己), 정신(丁辛), 병경(丙庚)은 모두 같다. 사각형 갑병경무(甲丙庚戊)는 원래의 은이다.

사각형 을병경기(乙丙庚己)는 남는 12냥이고, 사각형 병정신경(丙丁辛庚)은 부족한 60냥이다.

을정(乙丁)은 내는 몫 4냥과 7냥을 서로 빼서 남은 3냥이다.

사각형 을정신기(乙丁辛己)는 12냥과 60냥을 서로 합한 수로 바로 3냥과 사람 수를 서로 곱한 넓이이다.

그러므로 3냥 을정(乙丁)으로 나누면 사람 수 정신(丁辛)을 얻는다.

남는 것과 부족한 것을 내는 몫과 유승해서 더하면, 그 수는 내는 몫을 서로 빼고 남은 3냥을 원래의 은에 곱한 것이다.

4냥을 60냥에 곱한 것은 갑을(甲乙)을 병정신경(丙丁辛庚)에 곱한 것이고, 또 병정(丙丁)을 갑을기무(甲乙己戊)에 곱한 것이다.

7냥을 12냥에 곱한 것은 갑정(甲丁)을 을병경기(乙丙庚己)에 곱한 것이고, 또 을병(乙丙)을 갑정신무(甲丁辛戊)에 곱한 것이다.

이 수 안에 을병(乙丙)을 갑을기무(甲乙己戊)에 곱한 수와 을병(乙丙)을 을정신기(乙丁辛己)에 곱한 수가 있다. 그런데 을병(乙丙)을 을정신기(乙丁辛己)에 곱한 수는 을정(乙丁)을 을병경기(乙丙庚己)에 곱한 수와 같다.

을병(乙丙)을 갑정신무(甲丁辛戊)에 곱한 것과 앞의 병정(丙丁)을 갑을기무(甲乙己戊)에 곱한 것을 서로 더하면, 을정(乙丁)을 갑을기무(甲乙己戊)에 곱한 것을 얻고, 또 을정(乙丁)을 을병경기(乙丙庚己)에 곱한 것을 얻는다. 이를 더하면 을정(乙丁)을 갑병경무(甲丙庚戊)에 곱한 것을 얻는다.

을정(乙丁)은 내는 몫을 서로 빼서 남은 3냥의 수이고 갑병경무(甲丙庚戊)는 원래의 은이다. 그러므로 3냥으로 나누면 원래의 은을 얻는다.

鑑案 此一盈一不足也

凡一盈一不足者 用相倂爲法實 以所出率相減 餘數 約之

如圖 甲乙爲四兩 戊己同 甲丁爲七兩 戊辛同

甲戊爲人數 乙己丁辛丙庚俱同 甲丙庚戊形爲原銀

乙丙庚己形爲剩一十二兩數 丙丁辛庚形爲少六十兩數

乙丁爲所出率 四兩七兩相減 餘三兩數

乙丁辛己形爲一十二兩與六十兩相倂數 卽三兩與人數相乘之積也

故以乙丁三兩約之 得丁辛人數

盈不足維乘所出率而倂之 其數 乃所出
率相減 餘三兩乘原銀之積也

以四兩乘六十兩   卽甲乙乘丙丁辛庚也
亦卽丙丁乘甲乙己戊也

以七兩乘十二兩   卽甲丁乘乙丙庚己也
亦卽乙丙乘甲丁辛戊也

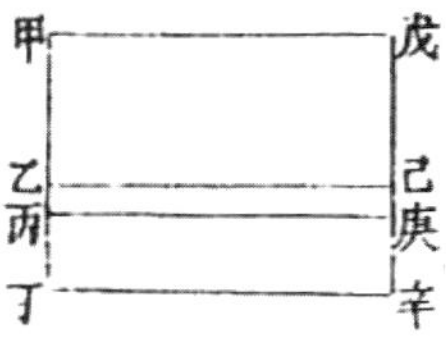

此數內有乙丙乘甲乙己戊數 有乙丙乘乙丁辛己數

而乙丙乘乙丁辛己數 與乙丁乘乙丙庚己等

試以乙丙乘甲乙己戊 與前丙丁乘甲乙己戊 相加 得乙丁乘甲乙己戊形

又以乙丁乘乙丙庚己 加之 則得乙丁乘甲丙庚戊形
乙丁 乃所出率相減 餘三兩之數 甲丙庚戊乃原銀也
故以三兩約之 得原銀

왕감의 주석을 현재 사용하는 기호로 나타내면 다음과 같다.
오른쪽 그림에서 각 선분과 사각형은 다음과 같다.

갑을 = 4냥[= a_2] = 무기,
갑정 = 7냥[= a_1] = 무신,
갑무 = 사람 수[= x] = 을기 = 정신
  = 병경,
□갑병경무 = 원래의 은[= y],
□을병경기 = 12냥[= c_2],
□병정신경 = 60냥[= c_1]
을정 = 7냥−4냥[= a_1-a_2] = 3냥,

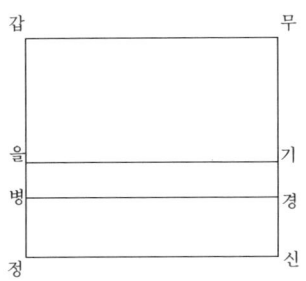

이에 따라 사람 수 x 는 다음과 같이 구한다.

[c_2+c_1 =] 12냥+60냥 = □을정신기 = 을정 × 정신[= $(a_1-a_2) \times x$],
[x =] 정신 = 사람 수 = □을정신기 ÷ 을정[= $(c_2+c_1) \div (a_1-a_2)$]

그리고 은의 수량 y 는 다음과 같이 구한다.

[a_2x_1 =] 4냥×60냥 = 갑을 × □병정신경[= 갑을 ×(병정 × 정신)
  = 병정 ×(갑을 × 을기)] = 병정 × □갑을기무 ······ ①,
[a_1c_2 =] 7냥×12냥 = 갑정 × □을병경기[= 갑정 ×(을병 × 병경)
  = 을병 ×(갑정 × 정신)] = 을병 × □갑정신무
  = 을병 × □갑을기무+을병 × □을정신기
  = 을병 × □갑을기무+을정 × □을병경기 ······ ②,

①+② : $[a_2 c_1 + a_1 c_2 =]$ 갑을 × □병정신경+갑정 × □을병경기

$= $ 병정 × □갑을기무+을병 × □갑정신무

$= $ 병정 × □갑을기무+(을병 × □갑을기무+을정 × □을병경기)

$= $ (병정 × □갑을기무+을병 × □갑을기무)+을정 × □을병경기

$= $ 을정 × □갑을기무+을정 × □을병경기

$= $ 을정 × □갑병경무$[= (a_1 - a_2) \times y]$,

$[y =]$ □갑병경무 = (갑을 × □병정신경+갑정 × □을병경기) ÷ 을정

$[= (a_2 c_1 + a_1 c_2) \div (a_1 - a_2)]$

하-3-2. 지금 있는 사람들이 양을 사는데, 그 수는 모른다. 다만 한 사람이 400문씩 내면 1관 740문이 남고, 한 사람이 300문씩 내면 840문이 남는다고 한다. 양의 값과 사람의 수는 각각 얼마인가?

今有人買羊 不知其數 只云 人出四百 盈一貫七百四十 人出三百 盈八百四十 問 問羊價及人各幾何

답   양의 값 1관 860문

사람 9명

答曰   羊價 一貫八百六十文

九人

해법   그림

400 사백	300 삼백
1740 남음	840 남음

에 따라 산대를 펴고, 두 개의 남는 수를 내는 돈과 유승한다. 왼쪽 위로는 336관을 얻고 오른쪽 위로는 522관을 얻는다. 작은 것을 큰 것에서 뺀 나머지 186관을 실이라고 하자. 두 남는 수를 서로 뺀 나머지 900문을 법이라고 하

자. 400과 300을 놓고, 서로 뺀 나머지 100으로 법과 실을 나눈다. 실은 양의 값이고 법은 사람의 수다. 문제에 맞는다. 「두 번 부족한 것도 이 방법과 같다」

術曰 依圖布筭 以兩盈維乘所出率 左上得三百三十六貫 右上得五百二十二貫 以少減多 餘一百八十六貫 爲實 兩盈相減 餘九百 爲法 列四百三百 相減 餘一百 約法實 實爲羊價 法爲人數 合問 「問兩不足者 同此術」

❀ • 역자 주해 1 •

위의 문제에서는 x 명이 y 문인 양을 함께 사는데, 한 사람이 $a_1 = 400$ 문씩 내면 $c_1 = 1740$문이 남고, $a_2 = 300$문씩 내면 $c_2 = 840$문이 남는다.

해법에서는 양영술을 적용하기 위해서 이 수들을 $\begin{smallmatrix} a_1 & a_2 \\ c_1 & c_2 \end{smallmatrix}$ 와 같이 배열하고 유승한 차 $a_2 c_1 - a_1 c_2$를 실, 두 남음의 차 $c_1 - c_2$ 를 법으로 하고 내는 몫의 차 $a_1 - a_2$ 로 실과 법을 각각 나누어 다음과 같이 양의 값과 사람 수를 구했다.

양의 값 : $y = \dfrac{a_2 c_1 - a_1 c_2}{a_1 - a_2} = \dfrac{300 \times 1740 - 400 \times 840}{400 - 300} = \dfrac{186000}{100} = 1860(문)$,

사람 수 : $x = \dfrac{c_1 - c_2}{a_1 - a_2} = \dfrac{1740 + 840}{400 - 300} = \dfrac{900}{100} = 9(명)$

이 해법의 타당성은 연립 방정식 $\begin{cases} a_1 x = y + c_1 \\ a_2 x = y + c_2 \end{cases}$를 풀어 입증할 수 있다.

왕감은 『산학계몽술의』에서 위 해법의 정당성을 다음과 같이 기하학 적으로 밝히고 있다.

왕감안 이것은 두 번 남는 것이다. 무릇 두 번 남는 것은 서로 빼서 법과 실로 한다. 이에 내는 몫을 서로 빼 서 남은 수로 나눈다.

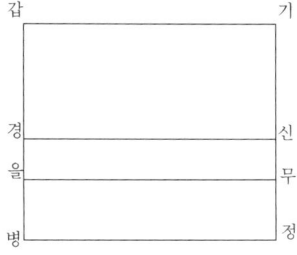

그림과 같이 갑을(甲乙)은 300 이라 하자. 무기(戊己)도 같다. 갑병(甲丙)은 400이라 하자. 기 정(己丁)도 같다. 갑기(甲己)를 사람 수라 하자. 경신(庚辛), 을 무(乙戊), 병정(丙丁)은 모두 같 다. 사각형 갑경신기(甲庚辛己)는 양의 값이다.

갑을무기(甲乙戊己)는 사람들이 300씩 낸 돈 전체이고, 갑병정기(甲丙 丁己)는 사람들이 400씩 낸 돈 전체이다. 경을무신(庚乙戊辛)은 사람 들이 300씩 내면 남는 액수이고, 경병정신(庚丙丁辛)은 사람들이 400 씩 내면 남는 액수이다. 을병(乙丙)은 내는 몫을 서로 빼고 남는 100 의 수이다.

지금 두 번의 남는 것을 서로 빼면, 여기서는 경병정신(庚丙丁辛)에서 경을무신(庚乙戊辛)을 빼면 을병정무(乙丙丁戊)가 남는다. 이 수는 사 람 수와 100의 곱이므로, 100으로 나누면 사람 수를 얻는다.

두 남는 것을 내는 몫과 유승해서 서로 빼고 남는 수는, 내는 몫을 서 로 빼서 남는 100과 양의 값을 곱한 수이다.

경을무신(庚乙戊辛)은 사람들이 300씩 내면 남는 수이고, 400을 이에 곱하면 곧 갑병(甲丙)을 경을무신(庚乙戊辛)에 곱한 것이다. 이 수 안 에 갑을(甲乙)을 경을무신(庚乙戊辛)에 곱한 수와 을병(乙丙)을 경을무신(庚乙戊辛)에 곱한 수가 있다.

경병정신(庚丙丁辛)은 사람들이 400씩 내면 남는 수이고, 300을 이에 곱하면 곧 갑을(甲乙)을 경병정신(庚丙丁辛)에 곱한 것이다. 이 수 안에 갑을(甲乙)을 경을무신(庚乙戊辛)에 곱한 수와 갑을(甲乙)을 을병정무(乙丙丁戊)에 곱한 수가 있다.

그런데 갑을(甲乙)을 을병정무(乙丙丁戊)에 곱한 것은 을병(乙丙)을 갑을무기(甲乙戊己)에 곱한 것과 같다.

저것과 이것에서 먼저 갑을(甲乙)을 경을무신(庚乙戊辛)에 곱한 수를 빼서 없애면, 왼쪽 위는 을병(乙丙)을 경을무신(庚乙戊辛)에 곱한 수가 남는다. 오른쪽 위는 을병(乙丙)을 갑을무기(甲乙戊己)에 곱한 수가 남는다.

이 수 안에 을병(乙丙)을 갑경신기(甲庚辛己)에 곱한 수와 을병(乙丙)을 경을무신(庚乙戊辛)에 곱한 수가 있다. 그 안에서 왼쪽 위의 을병(乙丙)을 경을무신(庚乙戊辛)에 곱한 수를 빼면 을병(乙丙)을 갑경신기(甲庚辛己)에 곱한 수가 남는다. 을병(乙丙)은 내는 몫을 서로 빼고 남는 100의 수이다. 갑경신기(甲庚辛己)는 양의 값이다. 그러므로 을병(乙丙)으로 나누면 양의 값을 얻는다.

鑑案　此兩盈也

凡兩盈者 相減爲法實 仍以所出率相減 餘數 約之

如圖 甲乙爲三百 己戊同 甲丙爲四百 己
丁同

甲己爲人數 庚辛乙戊丙丁俱同 甲庚辛己
爲羊價

甲乙戊己爲人出三百之共錢　甲丙丁己爲
人出四百之共錢

庚乙戊辛爲人出三百所盈之數 庚丙丁辛爲人出四百所盈之數

乙丙爲所出率相減 餘一百之數

今兩盈相減 是於 庚丙丁辛內減庚乙戊辛 餘乙丙丁戊

此數乃人數乘一百之積 故以一百約之 得人數
兩盈維乘所出率 相減 所餘之數 乃所出率相減 餘一百乘羊價之數也
庚乙戊辛爲人出三百所盈之數 以四百乘之 卽甲丙乘庚乙戊辛也
此數內有甲乙乘庚乙戊辛數 有乙丙乘庚乙戊辛數
庚丙丁辛爲人出四百所盈之數 以三百乘之 卽甲乙乘庚丙丁辛也
此數內有甲乙乘庚乙戊辛數 有甲乙乘乙丙丁戊數
而甲乙乘乙丙丁戊數 與乙丙乘甲乙戊己等
彼此先減去甲乙乘庚乙戊辛數
左上仍餘乙丙乘庚乙戊辛數
右上仍餘乙丙乘甲乙戊己數
此數內有乙丙乘甲庚辛己數 有乙丙乘庚乙戊辛數
內減左上所餘乙丙乘庚乙戊辛數 餘乙丙乘甲庚辛己數
乙丙乃所出率相減 餘一百之數 甲庚辛己乃羊價也
故以乙丙約之 得羊價

왕감의 주석을 현재 사용하는 기호로 나타내면 다음과 같다.
오른쪽 그림에서 각 선분과 사각형은 다음과 같다.

갑을 = 300[$= a_2$] = 무기,
갑병 = 400[$= a_1$] = 기정,
갑기 = 사람 수[x] = 경신 = 을무
    = 병정,
□갑경신기 = 양의 값[$= y$],
□경을무신 = 840[$= c_2$],
□경병정신 = 1740[c_1]
을병 = 갑병－갑을[$= a_1 - a_2$] = 100

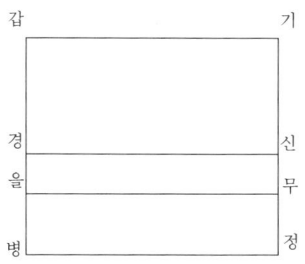

이에 따라 사람 수 x 는 다음과 같이 구한다.

[$c_1 - c_2 =$] □경병정신－□경을무신 = □을병정무[$= (a_1 - a_2) \times x$],

[x =] 을무 = 사람 수 = (□경병정신 − □경을무신) ÷ 을병

　[= $(c_1 - c_2) ÷ (a_1 - a_2)$]

그리고 양의 값 y 는 다음과 같이 구한다.

[$a_1 c_2$ =] 　　　$400 × 840$ = 갑병 × □경을무신

　　　　　　　　　= 갑을 × □경을무신 + 을병 × □경을무신 ······ ①,

[$a_2 c_1$ =] 　　　$300 × 1740$ = 갑을 × □경병정신

　　　　　　　　　= 갑을 × □경을무신 + 갑을 × □을병정무

　　　　　　　　　= 갑을 × □경을무신 + 을병 × □갑을무기 ······ ②,

②−① : [$a_2 c_1 - a_1 c_2$] = 갑을 × □경병정신 − 갑병 × □경을무신

　　　　　　　　　= (갑을 × □경을무신 + 을병 × □갑을무기)

　　　　　　　　　　−(갑을 × □경을무신 + 을병 × □경을무신)

　　　　　　　　　= 을병 × □갑을무기 − 을병 × □경을무신

　　　　　　　　　= 을병 × (□갑을무기 − □경을무신)

　　　　　　　　　= 을병 × □갑경신기 [= $(a_1 - a_2) × y$],

[y =] □갑경신기 = (갑을 × □경병정신 − 갑병 × □경을무신) ÷ 을병

　[= $(a_2 c_1 - a_1 c_2) ÷ (a_1 - a_2)$]

❀ • 역자 주해 3 •

해법의 끝에서 양부족술도 양영술과 같다고 말했는데, 왕감은 주석에 서 이를 기하학적으로 밝히고 있다. 즉, x 명이 값이 y 인 물건을 함께 사 는데, 한 사람이 a_1씩 내면 c_1이 부족하고 a_2씩 내면 c_2가 부족한 경우에(a_1 $> a_2 > 0$), $x = \dfrac{c_2 - c_1}{a_1 - a_2}$, $y = \dfrac{a_1 c_2 - a_2 c_1}{a_1 - a_2}$ 임을 밝히고 있다.

이는 연립 방정식 $\begin{cases} a_1 x = y - c_1 \\ a_2 x = y - c_2 \end{cases}$ 의 풀이에 대응한다.

왕감의 기하학적 설명은 다음과 같다.

　주석에서 두 번 부족한 것도 이 방법과 같다고 말한다.
　그림과 같이 갑을(甲乙)과 갑병(甲丙)
은 모두 내는 몫이라 하자. 을병(乙丙)
은 내는 몫을 서로 뺀 수이다. 갑신(甲
辛)은 사람의 수라 하자. 을경(乙庚), 병
기(丙己), 정무(丁戊)는 모두 같다. 갑정
무신(甲丁戊辛)은 물건의 값이다.
　을정무경(乙丁戊庚)과 　병정무기(丙丁
戊己)는 모두 부족한 수이다. 두 수를 서로 빼면 을병기경(乙丙己庚)가 남는다.
이 수는 내는 몫을 서로 빼고 남은 을병(乙丙)과 사람의 수인 을경(乙庚)을 곱
한 것이다. 그러므로 내는 몫을 서로 빼고 남은 수로 그것을 나누면 사람의 수
를 얻는다.
　두 번의 부족한 것을 내는 몫과 유승해서 얻은 수를 서로 뺀다. 그 남은 수는
반드시 내는 몫을 서로 빼서 남은 것과 물건값을 곱한 것이 된다.
　내는 몫 갑병(甲丙)을 부족한 을정무경(乙丁戊庚)에 곱한 것은 을정(乙丁)을
갑병기신(甲丙己辛)에 곱한 것과 같다.
　이 수 안에 을병(乙丙)을 갑병기신(甲丙己辛)에 곱한 수와 병정(丙丁)을 갑병
기신(甲丙己辛)에 곱한 수가 있다.
　그런데 병정(丙丁)을 갑병기신(甲丙己辛)에 곱한 수 안에는 병정(丙丁)을 갑을
경신(甲乙庚辛)에 곱한 수와 병정(丙丁)을 을병기경(乙丙己庚)에 곱한 수가 있
다. 병정(丙丁)을 을병기경(乙丙己庚)에 곱한 수는 곧 을병(乙丙)을 병정무기(丙
丁戊己)에 곱한 수이다.
　내는 몫 갑을(甲乙)을 부족한 병정무기(丙丁戊己)에 곱한 것은 병정(丙丁)을
갑을경신(甲乙庚辛)에 곱한 것과 같다. 위의 수에서 빼면 을병(乙丙)을 갑병기
신(甲丙己辛)에 곱한 수와 을병(乙丙)을 병정무기(丙丁戊己)에 곱한 수가 남는

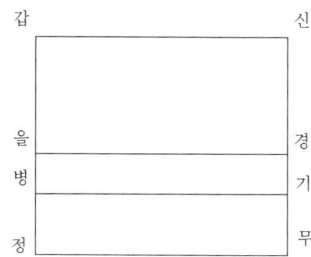

다. 더하면 을병(乙丙)을 갑정무신(甲丁戊辛)에 곱한 수이다. 을병(乙丙)은 내는 몫을 서로 빼고 남은 수이고 갑정무신(甲丁戊辛)은 물건의 값이다. 그러므로 내는 몫을 서로 빼고 남은 수로 나누면 물건 값을 얻는다.

注言兩不足者 同此術

如圖 甲乙甲丙俱爲所出率 乙丙爲所出率相減數

甲辛爲人數 乙庚丙己丁戊俱同 甲丁戊辛爲物價

乙丁戊庚與丙丁戊己同爲不足數 兩數相減 餘乙丙己庚

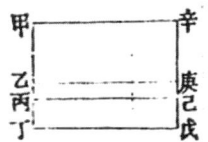

此數乃所出率相減 所餘之乙丙乘人數乙庚之積

故以所出率相減 餘數 約之 得人數也

兩不足維乘所出率 得數 相減

其餘數必爲所出率相減 餘數乘物價之積

以所出率甲丙乘不足乙丁戊庚 與乙丁乘甲丙己辛等

此數內有乙丙乘甲丙己辛數 有丙丁乘甲丙己辛數

而丙丁乘甲丙己辛數內 有丙丁乘甲乙庚辛數 有丙丁乘乙丙己庚數

而丙丁乘乙丙己庚數 卽乙丙乘丙丁戊己數

以所出率甲乙乘不足丙丁戊己 與丙丁乘甲乙庚辛等

以減上數 餘乙丙乘甲丙己辛數 及 乙丙乘丙丁戊己數

合之乃乙丙乘甲丁戊辛數 乙丙爲所出率相減 餘數 甲丁戊辛乃物價

故以所出率相減 餘數 約之 得物價也

왕감의 주석을 현재 사용하는 기호로 나타내면 다음과 같다.
오른쪽 그림에서 각 선분과 사각형은 다음과 같다.

갑을 = 적게 내는 몫[$= a_2$],

갑병 = 많이 내는 몫[$= a_1$],

을병 = 내는 몫의 차[$= a_1 - a_2$],

갑신 = 사람의 수[$= x$] = 을경 = 병기 = 정무,

□갑정무신 = 물건 값[$= y$],

□을정무경 = 많이 부족한 값[$= c_2$],

□병정무기 = 적게 부족한 값[$= c_1$]

이에 따라 사람 수 x는 다음과 같다.

[$c_2 - c_1 =$] □을병기경 = □을정무경
　　　　　　 $-$□병정무기 = 부족한 값의 차
　　　　　　 = 을병 × 을경[$= (a_1 - a_2) \times x$],
[$x =$] 을경 = □을병기경 ÷ 을병[$= (c_2 - c_1) \div (a_1 - a_2)$]

그리고 물건 값 y 는 다음과 같이 구한다.

[$a_1 c_2 =$] 갑병 × □을정무경[= 갑병 ×(을정 × 정무) = 을정 ×(갑병 × 병기)]
　　　　　 = 을정 × □갑병기신
　　　　　 = 을병 × □갑병기신+병정 × □갑병기신
　　　　　 = 을병 × □갑병기신+(병정 × □갑을경신+병정 × □을병기경)
　　　　　 = 을병 × □갑병기신+(병정 × □갑을경신+을병 × □병정무기) ··· ①,
[$a_2 c_1 =$] 갑을 × □병정무기[= 갑을 ×(병정 × 정무) = 병정 ×(갑을 × 을병)]
　　　　　 = 병정 × □갑을경신 ··· ②,
①$-$② : [$a_1 c_2 - a_2 c_1 =$] 갑병 × □을정무경$-$갑을 × □병정무기
　　　　　 = 을병 × □갑병기신+(병정 × □갑을경신+을병 × □병정무기)
　　　　　　　　　　　　　　　　　 $-$병정 × □갑을경신
　　　　　 = 을병 × □갑병기신$-$을병 × □병정무기
　　　　　 = 을병 × □갑정무신[$= ((a_1 - a_2) \times y$],
[$y =$] □갑정무신[= (갑병 × □을정무경$-$갑을 × □병정무기) ÷ 을병
　　　　　 [$= (a_1 c_2 - a_2 c_1) \div ((a_1 - a_2)$]

하-3-3. 지금 있는 사람들이 소를 사는데, 그 수는 알지 못한다. 다만 한 사람이 500문씩 내면 5000문이 남고 한 사람이 300문씩 내면 꼭 알맞다고 한다. 소의 값과 사람의 수는 각각 얼마인가?

今有人買牛 不知其數 只云 人出五百盈五千 人出三百適足 問牛價及人各幾何

답 소의 값 7관 500문
사람 25명

答曰 牛價 七貫五百文
人 二十五

해법 남는 5000을 놓고, 실이라고 하자. [각 사람이] 내는 돈을 놓고 작은 것으로 큰 것에서 뺀 나머지 200을 법이라고 하자. 실을 법으로 나누면, 사람의 수를 얻는다. 이에 꼭 알맞은 값 300을 곱하면, 곧 소의 값이다. 문제에 맞는다.「한 번은 부족하고 한번은 꼭 알맞은 것도 이 방법과 같다.」

術曰 列盈五千 爲實 列所出率 以少減多 餘二百 爲法 實如法而一 得人數 以適足三百乘之 卽牛價 合問「問不足適足者 同此術也」

• 역자 주해 1 •

위의 문제에서는 x 명이 y 문인 소를 함께 사는 데, 한 사람이 $a_1 = 500$ 문씩 내면 $c_1 = 5000$문이 남고 $a_2 = 300$문씩 내면 꼭 알맞은, 즉 $c_2 = 0$인 경우이다.

해법에서는 영적족술에 따라서 사람 수와 소의 값을 다음과 같이 구했다.

$$\text{사람 수} : x = \frac{c_1}{a_1 - a_2} = \frac{5000}{500 - 300} = 25(\text{명}),$$

$$\text{소의 값} : y = a_2 x = 300 \times 25 = 7500(\text{문})$$

이 해법의 타당성은 연립 방정식 $\begin{cases} a_1 x = y + c_1 \\ a_2 x = y \end{cases}$ 를 풀어 입증할 수 있다.

 역자 주해 2

왕감은 『산학계몽술의』에서 위 해법의 정당성을 기하학적으로 다음과 같이 밝히고 있다.

왕감안 이것은 한 번은 남고 한 번은 꼭 알맞은 것이다. 꼭 알맞으면 수가 없으니 남는 것을 실로 하고 내는 몫을 서로 빼서 남는 수로 나눈다. 그림과 같이 갑을(甲乙)을 300, 갑무(甲戊)를 500이라 하자.

을무(乙戊)는 내는 몫 300과 500을 서로 빼고 남은 200의 수이다. 갑병(甲丙)은 사람 수이고, 을정(乙丁)과 무기(戊己)는 모두 같다. 갑을정병(甲乙丁丙)은 소의 값이다. 을무기정(乙戊己丁)는 남는 5000의 수이다. 이 수는 내는 몫을 서로 빼고 남은 을무(乙戊)를 사람 수 을정(乙丁)에 곱한 것이다. 그러므로 200으로 나누면 사람 수를 얻는다. 사람들이 300씩 내면 꼭 알맞으므로 소의 값은 반드

시 300을 사람 수에 곱한 수이다.

鑑案 此一盈一適足也

適足無數　卽以盈爲實　仍以所出率相減

餘數約之

如圖　甲乙爲三百　甲戊爲五百

乙戊爲所出率三百五百相減　餘二百之數

甲丙爲人數　乙丁戊己俱同　甲乙丁丙爲

牛價

乙戊己丁爲盈五千之數

此數乃所出率相減　餘數乙戊乘人數乙丁之積

故以二百約之　得人數　人出三百　旣適足　則牛價必爲三百乘人數所

得

왕감의 주석을 현재 사용하는 기호로 나타내면 다음과 같다.

오른쪽 그림에서 각 선분과 사각형은 다음과 같다.

갑을 = 내는 몫 300[$= a_2$],

갑무 = 내는 몫 500[$= a_1$],

을무 = 내는 몫의 차 500−300[$= a_1 - a_2$],

갑병 = 사람 수[$= x$] = 을정 = 무기,

□갑을정병 = 소 값[$= y$],

□을무기정 = 남는 수 5000[$= c_1$]

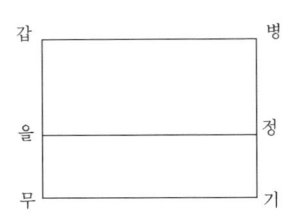

이에 따라 사람 수 x 는 다음과 같다.

[$c_1 =$] □을무기정 = 을무 × 을정[$= (a_1 - a_2) \times x$],

[$x =$] 을정 = □을무기정 ÷ 을무[$= c_1 \div (a_1 - a_2)$]

그리고 소의 값은 다음과 같다.

$[y =]$ □갑을정병 = 갑을 × 갑병$[= a_2x]$

해법의 끝에서 부족적족술도 영적족술과 같다고 말했는데, 왕감은 주석에서 이를 기하학적으로 밝히고 있다. 즉, x 명이 값이 y 인 물건을 함께 사는데, 한 사람이 a_1씩 내면 꼭 알맞고 a_2씩 내면 c_1이 부족한 경우에 $(a_1 > a_2 > 0)$, $x = \dfrac{c_1}{a_1 - a_2}$, $y = a_1x$ 임을 밝히고 있다.

이는 연립 방정식 $\begin{cases} a_1x = y \\ a_2x = y - c_1 \end{cases}$ 의 풀이에 대응한다.

왕감안의 기하학적 설명은 다음과 같다.

주석에서 한 번은 부족하고 한번은 꼭 알맞은 것도 이 방법과 같다고 말한다.

그림과 같이 갑을(甲乙)은 꼭 알맞게 내는 몫이라 하고, 갑병(甲丙)은 부족하게 내는 몫이라 하자.

갑기(甲己)는 사람 수이고, 병정(丙丁)과 을무(乙戊)는 모두 같다.

갑을무기(甲乙戊己)는 물건 값이다. 병을무정(丙乙戊丁)은 부족한 수이고, 병을(丙乙)은 내는 몫을 서로 빼고 남은 수이다. 병을무정(丙乙戊丁)은 내는 몫을 서로 빼고 남은 수 병을(丙乙)을 사람 수 병정(丙丁)에 곱한 것이다. 그러므로 을병(乙丙)으로 나누면 사람 수를 얻는다. 이미 사람 수를 얻었으면 꼭 알맞은 것을 곱하면 물건 값을 얻는다.

註言 問不足適足者 同此術

如圖 甲乙爲適足之所出率 甲丙爲不足之所
出率
甲己爲人數 丙丁乙戊俱同 甲乙戊己爲物價
丙乙戊丁爲不足數 丙乙爲所出率相減 餘數
丙乙戊丁乃所出率相減 餘數丙乙乘人數丙丁之積 故以乙丙約之
得人數 旣得人數 以乘適足 得物價也

왕감의 주석을 현재 사용하는 기호로 나타내면 다음과 같다.
오른쪽 그림에서 각 선분과 사각형은 다음과 같다.

갑을 = 꼭 알맞게 내는 몫[$= a_1$],
갑병 = 부족하게 내는 몫[$= a_2$],
갑기 = 사람 수[$= x$] = 병정 = 을무,
□갑을무기 = 물건 값[$= y$],
□병을무정 = 부족한 수[$= c_1$],
병을 = 내는 몫의 차[$= a_1 - a_2$]

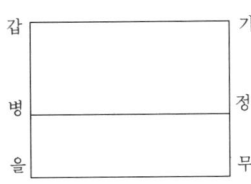

이에 따라 사람 수 x 는 다음과 같이 구한다.

[$c_1 =$] □병을무정 = 병을 × 병정[$= (a_1 - a_2) \times x$],
[$x =$] 갑기 = □병을무정 ÷ 병을[$= c_1 \div (a_1 - a_2)$]

그리고 물건 값 y 는 다음과 같다.

[$y =$] □갑을무기 = 갑을 × 갑기[$= a_1 x$]

하-3-4. 지금 돈을 갖고 있는 사람이 실을 사려고 하는데, 그 수량은 알지 못한다. 다만 1근을 사면 57문이 부족하고 12냥을 사면 15문이 남는다고 한다. 사람이 가진 돈과 실 한 근의 값은 얼마인가?

今有人持錢 買絲 不知其數 只云 買一斤不足五十七文 買一十二兩盈一十五文 問人持錢及絲斤價幾何

답 사람이 가진 돈 231문
　　　실 한 근의 값 288문

答曰 人持錢 二百三十一文
　　　　絲斤價 二百八十八文

해법

16 십육냥	12 십이냥
57 부족	15 남음

그림에 따라 산대를 펴고, 남는 것과 부족한 것을 유승한다. 왼쪽 위로는 240을 얻고, 오른쪽 위로는 684를 얻는다. 이를 더하여 얻은 924를 실이라고 하자. 남는 것과 부족한 것을 서로 더하여 얻은 72를 법이라고 하자. 다시 16냥을 놓고 그 안에서 12냥을 뺀 나머지 4냥으로 실과 법을 나눈다. 실은 사람이 가진 돈이고 법은 실 한 냥의 값이다. 16을 곱하면 곧 한 근의 값이다. 문제에 맞는다.

術曰 依圖布筭 以盈不足維乘之 左上得二百四十 右上得六百八十四 倂之 得九百二十四 爲實 盈不足相倂 得七十二 爲法 又列十六兩內減十二兩 餘四兩 約法實 實爲人持錢 法爲絲兩價 身外加六 卽斤價 合問

   위의 문제에서는 돈 y 문을 가지고 한 냥에 x 문인 실을 사려고 하는데, $a_1 = 16$냥을 사면 y 문보다 $c_1 = 57$문이 더 필요하고, $a_2 = 12$냥을 사면 y 냥보다 $c_2 = 15$문이 덜 필요하다. [즉, x 명이 y 문인 물건을 산다고 하면, 한 사람이 $a_1 = 16$문씩 내면 $c_1 = 57$문이 남고, $a_2 = 12$문씩 내면 $c_2 = 15$문이 부족한 상황과 같다.]

   문제 ≪하-3-1≫과 같은 유형의 문제로 영부족술로 푼다. 해법에서는 이 수들을 $\begin{matrix} a_1 & a_2 \\ c_1 & c_2 \end{matrix}$ 와 같이 배열하고 유승한 합 $a_1c_2+a_2c_1$ 을 실, 남음과 부족의 합 c_2+c_1 을 법으로 하고 사는 냥 수의 차 a_1-a_2 로 실과 법을 각각 나누어 다음과 같이 사람이 가진 돈과 실 한 냥의 값을 구했다.

$$\text{사람이 가진 돈} : y = \frac{a_1c_2 + a_2c_1}{a_1 - a_2} = \frac{16 \times 15 + 12 \times 57}{16 - 12} = \frac{924}{4} = 231(\text{문}),$$

$$\text{실 한 냥의 값} : x = \frac{c_1 + c_2}{a_1 - a_2} = \frac{57 + 15}{16 - 12} = \frac{72}{4} = 18(\text{문})$$

16냥 $= 1$근이므로, 실 한 근의 값은 다음과 같다.

$$\text{실 한 근의 값} : 18 \times 16 = 288(\text{문})$$

   왕감은 『산학계몽술의』에서 위 해법의 정당성을 기하학적으로 다음과 같이 밝히고 있다.

왕갑안 이것은 첫째 문제와 같은 방법이다.
그림과 같이 갑정(甲丁)은 16냥, 갑
을(甲乙)은 12냥이라 하자.

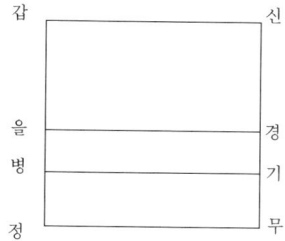

을정(乙丁)은 내는 몫 16냥과 12냥
을 서로 빼고 남는 4냥의 수이다.
갑신(甲辛)은 실 한 냥의 값이라
하자. 을경(乙庚), 병기(丙己), 정무
(丁戊)는 모두 같다.

갑병기신(甲丙己辛)는 사람이 가진 돈이고, 을병기경(乙丙己庚)은 남
는 액수이며 병정무기(丙丁戊己)는 부족한 액수이다.

남는 것과 부족한 것을 더하면 사각형 을정무경(乙丁戊庚)이 만들어
진다. 이 수는 내는 몫을 서로 빼고 남은 을정(乙丁)을 실 한 냥의 값
을경(乙庚)에 곱한 값이다. 그러므로 4냥으로 나누면 실 한 냥의 값을
얻는다.

남는 것과 부족한 것을 내는 몫과 유승해서 더하면, 그 수는 내는 몫
을 서로 빼고 남은 수와 사람이 가진 돈을 곱한 수이다.

내는 몫 갑을(甲乙)을 부족한 것 병정무기(丙丁戊己)에 곱하면, 병정
(丙丁)을 갑을경신(甲乙庚辛)에 곱한 것과 같다.

내는 몫 갑정(甲丁)을 남는 것 을병기경(乙丙己庚)에 곱하면, 을병(乙
丙)을 갑정무신(甲丁戊辛)에 곱한 것과 같다.

이 수 안에 을병(乙丙)을 갑을경신(甲乙庚辛)에 곱한 수와 을병(乙丙)
을 을정무경(乙丁戊庚)에 곱한 수가 있다.

그런데 을병(乙丙)을 을정무경(乙丁戊庚)에 곱한 것은 을정(乙丁)을 을
병기경(乙丙己庚)에 곱한 것과 같다.

을병(乙丙)을 갑을경신(甲乙庚辛)에 곱한 수를 앞의 병정(丙丁)을 갑을
경신(甲乙庚辛)에 곱한 것과 더하면, 을정(乙丁)을 갑을경신(甲乙庚辛)
에 곱한 모양을 얻는다.

또, 이에 을정(乙丁)을 을병기경(乙丙己庚)에 곱한 것을 더하면 을정 (乙丁)을 갑병기신(甲丙己辛)에 곱한 모양을 얻는다.

곧 내는 몫을 서로 빼고 남은 수를 사람이 가진 돈에 곱한 것이다. 그 러므로 4냥으로 나누면 사람이 가진 돈을 얻는다.

鼇案　此與第一問同術

如圖 甲丁爲十六兩 甲乙爲十二兩

乙丁爲所出率十六兩十二兩相減　餘四兩 之數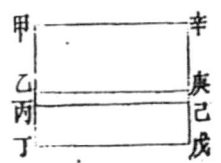

甲辛爲絲兩價 乙庚丙己丁戊俱同

甲丙己辛爲人持錢 乙丙己庚爲盈數 丙丁 戊己爲不足數 盈不足相倂 成乙丁戊庚形

此數乃所出率相減 餘數乙丁乘絲兩價乙庚之積

故以四兩約之 得絲兩價

盈不足維乘所出率 相倂 此數乃所出率相減 餘數乘人持錢之積

以所出率甲乙乘不足丙丁戊己 與丙丁乘甲乙庚辛等

以所出率甲丁乘盈乙丙己庚 與乙丙乘甲丁戊辛等

此數內有乙丙乘甲乙庚辛數 有乙丙乘乙丁戊庚數

而乙丙乘乙丁戊庚數 與乙丁乘乙丙己庚等

試以乙丙乘甲乙庚辛數 加前丙丁乘甲乙庚辛之上 得乙丁乘甲乙庚 辛形

又以乙丁乘乙丙己庚 加之 則得乙丁乘甲丙己辛形

卽所出率相減 餘數乘人持錢之積 故以四兩約之 得人持錢

왕감의 주석을 현재 사용하는 기호로 나타내면 다음과 같다.

오른쪽 그림에서 각 선분과 사각형은 다음과 같다.

갑정 = 16냥[= a_1],

갑을 = 12냥[= a_2],

을정 = 16냥−12냥[= $a_1 - a_2$] = 4냥,

갑신 = 실 1냥 값[= x] = 을경 = 병기 = 정무,

□갑병기신 = 사람이 가진 돈[= y],

□을병기경 = 15문[= c_2],

□병정무기 = 57문[= c_1]

이에 따라 사람 수 x 는 다음과 같이 구한다.

[$c_2 + c_1 =$] □을정무경 = 을정 × 을경[= $(a_1 - a_2) \times x$],

[$x =$] 을경 = 실 한 냥의 값 = □을정무경 ÷ 을정[= $(c_2 + c_1) \div (a_1 - a_2)$]

그리고 은의 수량 y 는 다음과 같이 구한다.

[$a_2 c_1 =$] 12냥 × 57문 = 갑을 × □병정무기[= 갑을 × (병정 × 정무)

= 병정 × (갑을 × 을경)] = 병정 × □갑을경신 …… ①,

[$a_1 c_2 =$] 16냥 × 15문 = 갑정 × □을병기경[= 갑정 × (을병 × 병기)

= 을병 × (갑정 × 정무)] = 을병 × □갑정무신

= 을병 × □갑을경신 + 을병 × □을정무경

= 을병 × □갑을경신 + 을정 × □을병기경 …… ②,

①+② : [$a_2 c_1 + a_1 c_2 =$] 갑을 × □병정무기 + 갑정 × □을병기경

= 병정 × □갑을경신 + (을병 × □갑을경신 + 을정 × □을병기경)

= (병정 × □갑을경신 + 을병 × □갑을경신) + 을정 × □을병기경

= 을정 × □갑을경신 + 을정 × □을병기경

= 을정 × □갑병기신[= $(a_1 - a_2) \times y$],

[$y =$] □갑병기신 = (갑을 × □병정무기 + 갑정 × □을병기경) ÷ 을정

[= $(a_2 c_1 + a_1 c_2) \div (a_1 - a_2)$],

하-3-5. 지금 있는 사람들이 말을 사는데 그 수는 알지 못한다. 다만, 9명마다 7관씩 내면 4관 700문이 부족하고, 7명마다 8관씩 내면 18관 300문이 남는다고 한다. 말의 값과 사람의 수는 각각 얼마인가?

今有人買馬 不知其數 只云 九人出七貫 不足四貫七百 七人出八貫 盈一十八貫三百 問馬價及人各幾何

답 말의 값 53관 700문

사람 63명

答曰 馬價 五十三貫七百文

人 六十三

해법 그림

7000 칠천	8000 팔천
9 구명	7 칠명
4700 부족	18300 남음

에 따라 산대를 펴고, 사람의 수와 내는 돈을 유승한다. 왼쪽 위로는 4만 9000을 얻고, 오른쪽 위로는 7만 2000을 얻는다. 별도로 놓고 서로 빼서 얻은 2만 3000을 약법[2]으로 한다. 다시 남는 것과 부족한 것을 유승하면, 왼쪽 위로는 8억 9670만을 얻고 오른쪽 위로는 3억 3840만을 얻는다. 이를 더하여 얻은 12억 3510만을 실이라고 하자. 사람 수를 서로 곱하여 각각 63을 얻는다. 역시 남는 것과 부족한 것을 유승하면, 왼쪽 가운데로는 115만 2900을 얻고 오른쪽 가운데로는 29만 6100을 얻는다. 서로 더하여 얻은 144만 9000을 법이라고 하자.

---

2) 마지막 단계에서 말의 값, 사람 수를 구하기 위해 실과 법을 나누어줄 분모에 해당한다.

각각 2만 3000으로 나누면, 실은 말의 값이고 법은 사람의 수다. 문제에 맞는다.

術曰 依圖布筭 以人數維乘所出率 左上得四萬九千 右上得

七萬二千 副置相減 得二萬三千 爲約法 又以盈不足維乘之 左

上得八億九千六百七十萬 右上得三億三千八百四十萬 併之 得

一十二億三千五百一十萬 爲實 人數互乘 各得六十三 亦以盈

不足維乘之 左中得一百一十五萬二千九百 右中得二十九萬六

千一百 併之 得一百四十四萬九千 爲法 各以二萬三千約之 實

爲馬價 法爲人數 合問

❀ • 역자 주해 1 •

위 문제에서는 앞에서 다룬 것보다 더 일반화된 상황을 다루는데, 『구장산술』 제7권 「영부족」의 제4문과 같은 유형이다. 여기서는 1명마다 내는 돈이 아니라 여러 명마다 내는 돈을 알고 구하는 것이다. 즉, x 명이 값이 y 문인 말을 사는데, b_1명마다 a_1씩 내면 c_1이 남고 b_2명마다 a_2씩 내면 c_2가 모자란다고 할 때, 사람의 수와 물건 값을 구하는 문제이다. $b_1 = b_2 = 1$이면 곧 영부족술이다.

해법에서는 이 수들을 $\begin{matrix} a_2 & a_1 \\ b_1 & b_2 \\ c_1 & c_2 \end{matrix}$ 와 같이 나열하고, 내는 돈과 사람 수를 유승해서 $a_2 b_1$ $a_1 b_2$ 를 얻고 약법 $a_1 b_2 - a_2 b_1$ 을 얻는다. 다시 [$a_2 b_1$, $a_1 b_2$를] 영부족과 유승하여 $a_2 b_1 c_2$ $a_1 b_2 c_1$ 을 얻고 실 $a_1 b_2 c_2 + a_2 b_1 c_1$ 을 얻는다. 사람 수를 곱한 $b_1 b_2$ 를 영부족과 곱하여 더한 $b_1 b_2 c_1 + b_1 b_2 c_2$ 를 법으로 한다. 이제, 위에서 구한 약법으로 실과 법을 나누어 다음과 같이 말의 값과 사람 수를

구한다.

$$\text{말의 값} : y = \frac{a_1 b_2 c_2 + a_2 b_1 c_1}{a_1 b_2 - a_2 b_1} = \frac{1235100000}{23000} = 53700(\text{문})$$

$$\text{사람 수} : x = \frac{b_1 b_2 c_1 + b_1 b_2 c_2}{a_1 b_2 - a_2 b_1} = \frac{1449000}{23000} = 63(\text{명})$$

이를 나중에 쌍투영뉵(雙套盈朒)이라 불렀다. 위 해법의 타당성은 연립

방정식 $\begin{cases} \dfrac{a_1}{b_1} x = y + c_1 \\ \dfrac{a_2}{b_2} x = y - c_2 \end{cases}$ 을 풀어 확인할 수 있다.

❋ • 역자 주해 2 •

위 문제는 한 사람이 $\dfrac{a_1}{b_1}$ 씩 내면 c_1이 남고 한 사람이 $\dfrac{a_2}{b_2}$ 씩 내면 c_2가
모자라는 상황과 같다. 그러면 영부족술에 의해 구한 말의 값과 사람 수는
다음과 같이 위의 결과와 일치한다.

$$\text{말의 값} : y = \frac{\dfrac{a_1}{b_1} c_2 + \dfrac{a_2}{b_2} c_1}{\dfrac{a_1}{b_1} - \dfrac{a_2}{b_2}} = \frac{a_1 b_2 c_2 + a_2 b_1 c_1}{a_1 b_2 - a_2 b_1},$$

$$\text{사람 수} : x = \frac{c_1 + c_2}{\dfrac{a_1}{b_1} - \dfrac{a_2}{b_2}} = \frac{b_1 b_2 c_1 + b_1 b_2 c_2}{a_1 b_2 - a_2 b_1}$$

왕감은 『산학계몽술의』에서 위 해법의 정당성을 기하학적으로 다음과 같이 밝히고 있다.

왕감안 이것은 앞의 문제와 뜻이 같지만, 다만 통분이 한 번 더 많을 뿐이다.

그림과 같이 갑을(甲乙)과 갑무(甲戊)는 모두 내는 몫이다. 그 안에 63을 분모로 맡겨두고 있다. 무을(戊乙)는 내는 몫의 차이고 역시 63을 분모로 맡겨두고 있다. 갑병(甲丙)은 사람의 수다. 무기(戊己), 경신(庚辛), 을정(乙丁)은 모두 같다. 갑경신병(甲庚辛丙)은 말의 값이다. 무경신기(戊庚辛己)는 부족한 수이다. 경을정신(庚乙丁辛)은 남는 수이다. 각각을 분모로 통분해서 서로 더하면 사각형 무을정기(戊乙丁己)를 얻는다. 이 수는 분모를 데리고 있고 내는 몫의 차를 사람의 수에 곱한 것이다. 그러므로 23000으로 나누면 사람의 수를 얻는다.

남는 것을 왼쪽 위에 곱해 놓은 수에 곱하면 경을정신(庚乙丁辛)을 갑무(甲戊)에 곱한 것이 되고, 경을(庚乙)을 갑무기병(甲戊己丙)에 곱한 것과 같다.

모자라는 것을 오른쪽 위에 곱해 놓은 수에 곱하면 무경신기(戊庚辛己)를 갑을(甲乙)에 곱한 것이 되고, 무경(戊庚)을 갑을정병(甲乙丁丙)에 곱한 것과 같다.

이 수 안에 무경(戊庚)을 갑무기병(甲戊己丙)에 곱한 수와 무경(戊庚)을 무을정기(戊乙丁己)에 곱한 수가 있다. 그런데 무경(戊庚)을 무을정기(戊乙丁己)에 곱한 수는 무을(戊乙)을 무경신기(戊庚辛己)에 곱한 것과 같다.

무경(戊庚)을 갑무기병(甲戊己丙)에 곱한 것과 앞의 경을(庚乙)을 갑무기병(甲戊己丙)에 곱한 것을 서로 더하면 무을(戊乙)을 갑무기병(甲戊己丙)에 곱한 모양을 얻는다. 또 무을(戊乙)을 무경신기(戊庚辛己)에 곱한 것을 이에 더하면 무을(戊乙)을 갑경신병(甲庚辛丙)에 곱한 모양을 얻는다. 그러므로 23000으로 나누면 말의 값을 얻는다.

鑑案 此與前問同義 但多一通分耳

如圖 甲乙甲戊俱爲所出率 內寄六十三爲分母

戊乙爲所出率之較 亦奇六十三爲分母

甲丙爲人數 戊己庚辛乙丁俱同

甲庚辛丙爲馬價

戊庚辛己爲不足數 庚乙丁辛爲盈數

各以分母通之 相併 得戊乙丁己形

此數乃帶分 所出率之較乘人數之積

故以二萬三千約之 得人數

以盈乘左上乘出數 是以庚乙丁辛乘甲戊也 與庚乙乘甲戊己丙等

以不足乘右上乘出數 是以庚辛己乘甲乙也 與戊庚乘甲乙丁丙等

此數內有戊庚乘甲戊己丙數 有戊庚乘戊乙丁己數

而戊庚乘戊乙丁己數 與戊乙乘戊庚辛己等

試以戊庚乘甲戊己丙 與前庚乙乘甲戊己丙 相加 得戊乙乘甲戊己丙形

又以戊乙乘戊庚辛己 加之 則得戊乙乘甲庚辛丙形

故以二萬三千約之 得馬價也

왕감의 주석을 현재 사용하는 기호로 나타내면 다음과 같다.

오른쪽 그림에서 각 선분과 사각형은 다음과 같다.

$$갑을 = 내는 몫 \frac{8000}{7} = \frac{72000}{63}$$

$$[= \frac{a_1}{b_1} = \frac{a_1 b_2}{b_1 b_2}],$$

$$갑무 = 내는 몫 \frac{7000}{9} = \frac{49000}{63}$$

$$[= \frac{a_2}{b_2} = \frac{a_2 b_1}{b_1 b_2}],$$

무을 =내는 몫의 차 $\frac{23000}{63}$ $[= \frac{a_1 b_2 - a_2 b_1}{b_1 b_2}]$,

갑병 =사람 수$[= x]$ = 무기 = 경신 = 을정,

갑경신병 = 말의 값$[= y]$,

무경신기 = 부족한 액쉬$[= c_2]$,

경을정신 = 남는 액쉬$[= c_1]$

이에 사람의 수 x 는 다음과 같이 구한다.

$[c_1+c_2 =]$ □무경신기+□경을정신 = □무을정기

$$= 무을 \times 무기[= \frac{a_1 b_2 - a_2 b_1}{b_1 b_2} \times x],$$

$[x =]$ 갑병 =□무을정기 ÷ 무을

$$[= (c_1+c_2) \div \frac{a_1 b_2 - a_2 b_1}{b_1 b_2} = \frac{b_1 b_2 c_1 + b_1 b_2 c_2}{a_1 b_2 - a_2 b_1}]$$

그리고 말의 값 y 는 다음과 같이 구한다.

$[\frac{a_2 b_1}{b_1 b_2} c_1 =]$ 갑무 × □경을정신 = 경을 × □갑무기병 ······ ①,

$[\frac{a_1 b_2}{b_1 b_2} c_2 =]$ 갑을 × □무경신기 = 무경 × □갑을정병

= 무경 × □갑무기병+무경 × □무을정기

= 무경 × □갑무기병+무을 × □무경신기 ······ ②

①+② : $[\frac{a_2 b_1 c_1}{b_1 b_2} + \frac{a_1 b_2 c_2}{b_1 b_2} =]$ 갑무 × □경을정신+갑을 × □무경신기

= 경을 × □갑무기병+(무경 × □갑무기병+무을 × □무경신기)

= (경을 × □갑무기병+무경 × □갑무기병)+무을 × □무경신기

$$= \text{무을} \times \square\text{갑무기병} + \text{무을} \times \square\text{무경신기}$$

$$= \text{무을} \times \square\text{갑경신병}[= \frac{a_1 b_2 - a_2 b_1}{b_1 b_2} \times y]$$

$$[y =] \; \square\text{갑경신경} = (\text{갑무} \times \square\text{경을정신} + \text{갑을} \times \square\text{무경신기}) \div \text{무을}$$

$$[= (\frac{a_2 b_1 c_1}{b_1 b_2} + \frac{a_1 b_2 c_2}{b_1 b_2}) \div \frac{a_1 b_2 - a_2 b_1}{b_1 b_2} = \frac{a_1 b_2 c_2 + a_2 b_1 c_1}{a_1 b_2 - a_2 b_1}]$$

하-3-6. 지금 갑의 쌀이 있는데 그 수량은 알지 못한다. 쌀을 4섬 5말 들어가는 작은 쌀 창고에 저장하여 놓았다. 을이 잘못하여 벼를 가득 채워 서로 섞어버렸다. 지금 여미로 바꾸어 모두 3섬 4말 4되를 얻었다. 갑의 쌀과 을의 벼는 각각 얼마인가?[3]

今有甲米 不知其數 貯於四碩五斗囤中 乙誤入粟滿而相和 今變爲糯米 共量得三碩四斗四升 問甲米乙粟各幾何

답　갑의 쌀 1섬 8말 5되

　　을의 벼 2섬 6말 5되

答曰　甲米 一碩八斗五升

　　乙粟 二碩六斗五升

해법　가령 갑의 쌀이 2섬 1말이라면 1말이 남는다. 가령 갑의 쌀이 1섬 5말이라면 1말 4되가 부족하다. 영부족술로 푼다.

그림
21 갑쌀	15 갑쌀
1 남음	1.4 부족
에 따라 산대를 펴고, 유승하여 위의 두

---

3) 『산학계몽술의』에는 이 문제 끝에, 『구장산술』에 있는 내용인 다음과 같은 주석이 붙어있다. 「여미 6되는 벼 1말과 맞먹는다.」「糯米六升折粟一斗」

수를 서로 더하여 얻은 4섬 4말 4되를 실이라고 하자. 남음과 부족을 서로 더하여 얻은 2말 4되를 법이라고 하자. 실을 법으로 나누면 갑의 쌀을 얻는다. 이를 4섬 5말에서 뺀 나머지가 을의 벼다. 「이를 살펴보면, 갑의 쌀이 2섬 1말이면 을의 벼는 2섬 4말이다. 여기에 6을 곱하여4) 쌀 1섬 4말 4되를 얻는다. 더하면 3섬 5말 4되를 얻는다. [문제의 조건에 있는] 3섬 4말 4되와 비교하면 1말이 많다. 그러므로 남는다고 말했다. 만약 갑의 쌀이 1섬 5말이라면 을의 벼는 3섬이다. 이에 65)을 곱하면 쌀 1섬 8말을 얻고, 더하면 3섬 3말을 얻는다. 3섬 4말 4되와 비교하면 1말 4되가 적다. 그러므로 부족하다고 말했다.」 문제에 맞는다.

術曰　假令甲米二碩一㪷　有餘一㪷　令之一碩五㪷　不足一㪷四

升　盈不足術求之　依圖布筭
〔甲米一㪷／盈〕〔甲米一碩／不足〕
維乘　上二位相併

得四碩四㪷四升　爲實　以盈不足相併　得二㪷四升　爲法

實如法而一　得甲米　反減四碩五㪷　餘卽乙粟　「按此甲米

二碩一㪷　乙粟二碩四㪷　以六因之　得米一碩四㪷四升　併

之　得三碩五㪷四升　課於三碩四㪷四升　外多一㪷　故曰有

餘　若令甲米一碩五㪷　乙粟三碩　以六因之　得米一碩八㪷

併之　得三碩三㪷　課於三碩四㪷四升　外少一㪷四升　故曰

不足」合問

❀ · 역자 주해 1 ·

위의 문제는 영부족술의 응용으로, 『구장산술』 제7권 「영부족」의 제9

---

4) 벼 1말이 여미 6되, 즉 0.6말이므로 실은 0.6이다.
5) 역시 0.6이다.

문과 같은 상황과 같은 유형이다. 현대식으로 다음과 같이 풀 수 있다.

갑의 쌀을 x 말이라고 하자. 그러면 을의 벼는 $(45-x)$말이고 이를 여미 (쌀)로 바꾸면 $0.6(45-x)$말이므로, 다음을 얻는다.

$$x+0.6(45-x) = 34.4,$$
$$x+(27-0.6x) = 34.4,$$
$$0.4x = 7.4,$$
$$x = 7.4 \div 0.4 = 18.5(\text{말})$$

해법에서는 일차 방정식 $ax+b = c$ 의 해 $x = \dfrac{c-b}{a}$ 를, $x = a_1 = 21$과 $x = a_2 = 15$라고 가정할 때 생기는 오차로 남는 $c_1 = 1$과 부족한 $c_2 = 1.4$를 이용해서 영부족술로 구하고 있다. 즉, 다음과 같은 연립 방정식을 푸는 것과 같다.

$$\begin{cases} a_1 a = c - b + c_1 \\ a_2 a = c - b - c_2 \end{cases}, \quad \begin{cases} 21a = c - b + 1 \\ 15a = c - b - 1.4 \end{cases}$$

영부족술에 의해 $a = \dfrac{c_1 + c_2}{a_1 - a_2}$, $c - b = \dfrac{a_1 c_2 + a_2 c_1}{a_1 - a_2}$ 이므로, 구하는 값은 다음과 같다.

$$x = \frac{c-b}{a} = \frac{a_1 c_2 + a_2 c_1}{c_1 + c_2} = \frac{21 \times 1.4 + 15 \times 1}{1 + 1.4} = \frac{44.4}{2.4} = 18.5(\text{말})$$

✤ • 역자 주해 2 •

왕감은 『산학계몽술의』에서 위 해법의 정당성을 기하학적으로 다음과 같이 밝히고 있다.

왕감안 앞의 여러 문제들은 모두 남는 것과 부족한 것
이 있었다. 여기서부터 아래로는 남는 것과
부족한 것을 설정해서 그것을 제어한다.

그림과 같이 갑을(甲乙)을 갑의 원래 쌀이라
하자. 갑계(甲癸)는 2섬 1말이고, 기인(己寅)
과 경임(庚壬)도 같다.

갑정(甲丁)은 1섬 5말이라 하자. 갑기(甲己)
는 남는 1말이다. 정축(丁丑), 을진(乙辰), 무
계(戊癸)도 같다.

기경(己庚)은 부족한 1말 4되이고, 축묘(丑
卯), 진신(辰辛), 인임(寅壬), 정병(丁丙)도 모
두 같다.

무릇 갑계(甲癸)는 원래의 쌀 갑을(甲乙)에
비해 을계(乙癸)만큼 크다. 갑의 쌀이 이미
많으므로 을의 벼는 반드시 적어야 하며, 바
뀐 여미도 또한 반드시 적다. 갑의 쌀이 비

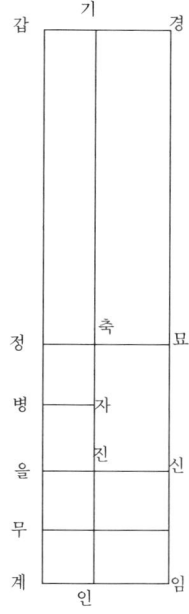

록 많아도 을의 쌀의 적은 수를 보충해야만 한다. 그러므로 겨우 무계
(戊癸)만큼 많다.

갑정(甲丁)은 원래의 쌀 갑을(甲乙)에 비해 정을(丁乙) 만큼 적다. 갑
의 쌀이 이미 적으므로 을의 벼는 반드시 많아야 하며 바뀐 여미도
또한 반드시 많다. 다만 많은 수만큼 부족한 것은 갑의 적은 수로 보
충해야만 한다. 그러므로 겨우 정병(丁丙)만큼 적다.

사각형 갑기축정(甲己丑丁)은 남는 1말을 1섬 5말에 곱한 수이다.

사각형 기경임인(己庚壬寅)은 부족한 1섬 4말을 2섬 1말에 곱한 수이다.
두 사각형을 서로 더하고 진신임인(辰辛壬寅)으로 그 모자라는 곳 정축
진을(丁丑辰乙)을 보충하면 사각형 갑경신을(甲庚辛乙)이 이루어진다.
이 수는 남는 것과 부족한 것을 서로 더한 갑경(甲庚)을 원래의 쌀 갑
을(甲乙)에 곱한 것이다. 그러므로 남는 것과 부족한 것을 서로 더한

것으로 나누면 갑의 원래의 쌀을 얻는다.

어떻게 진신임인(辰辛壬寅)과 정축진을(丁丑辰乙)이 같고, 축묘신진 (丑卯辛辰)과 을진인계(乙辰寅癸)는 닮은꼴이라는 것을 아는가?

을계(乙癸)는 2섬 1말로 갑의 원래 쌀의 수보다 많은 만큼이고, 이 수는 을의 벼가 적은 만큼이다. 6절하면 을무(乙戊)와 같은 여미를 얻고 을 계(乙癸)안에 을이 부족한 만큼인 을무(乙戊)를 보충하면 무계(戊癸)가 남는다. 무릇 을무(乙戊)는 이미 을계(乙癸)의 $\frac{6}{10}$ 이므로 무계(戊癸)는 반드시 을계(乙癸)의 $\frac{4}{10}$ 이다.

정을(丁乙)은 1섬 5말로 갑의 원래 쌀의 수에 미치지 못하는 만큼이고 이 수는 을의 벼가 많은 만큼이다. 6절하면 병을(丙乙)과 같은 여미를 얻고 정을(丁乙)에서 병을(丙乙)을 제거하면 적은 정병(丁丙)이 남는다. 무릇 병을(丙乙)은 이미 정을(丁乙)의 $\frac{6}{10}$ 이므로 정병(丁丙)은 반드시 정을(丁乙)의 $\frac{4}{10}$ 이다.

정병(丁丙)은 곧 축묘(丑卯)이고 정을(丁乙)은 곧 축진(丑辰)이고 축진 (丑辰) 10분과 축묘(丑卯) 4분은 을계(乙癸) 10분과 을진(乙辰) 4분은 모두 비례로 서로 얻을 수 있는 선이다.

무릇 두 도형의 분수가 같은 것은 반드시 닮은꼴이다. 이것은 기하비 례선의 이치다.

鑑案 前數問皆有盈不足數 自此以下皆設爲盈不足 以御之也

如圖 甲乙爲甲原米 甲癸爲二碩一斗 己寅庚壬同

甲丁爲一碩五斗 甲己爲有餘一斗 丁丑乙辰戊癸同

己庚爲不足一斗四升 丑卯辰辛寅壬丁丙俱同

夫甲癸較甲乙原米多一乙癸 因甲之米旣多 則乙之粟必少 變爲糲 米 亦必少 則甲米雖多 當補乙米之少數 故僅多一戊癸也

甲丁較甲乙原米少一丁乙 因甲之米旣少 則乙之粟必多 卽變爲糲 米 亦必多但所多之數 不足 以補甲少之數

故仍少一丁丙也

甲己丑丁形係 盈一斗 乘一碩五斗之數

己庚壬寅形係 不足一斗四升乘二碩一斗之數

兩形相倂 以辰辛壬寅補丁丑辰乙闕處 成甲庚辛乙形

此數乃甲庚盈不足相併 乘甲乙原米之積

故以盈不足相併除之 得甲原米也

顧何以知辰辛壬寅等 於丁丑辰乙也 以丑卯辛辰

與乙辰寅癸同式也

乙癸爲二碩一斗 多於甲原米之數 此數卽爲乙粟

所少數

六折 得糯米 如乙戊 於乙癸內補乙所少之乙戊

餘戊癸

夫乙戊旣爲乙癸十分之六 則戊癸必得乙癸十分

之四

丁乙爲一碩五斗不及甲原米之數 此數卽爲乙粟

所多數

六折 得糯米 如丙乙 於丁乙內 抵去丙乙 仍少丁丙

夫丙乙旣爲丁乙十分之六 則丁丙必爲十分之四

丁丙卽丑卯 丁乙卽丑辰

則丑辰十分偕丑卯四分 與乙癸十分偕乙辰四分皆爲比例互得之線

凡兩形分數等者必同式 此幾何比例線之理也

왕감의 주석을 현재 사용하는 기호로 나타내면 다음과 같다.
오른쪽 그림에서 각 선분과 사각형은 다음과 같다.

갑을 = 갑의 쌀[= x],

갑계 = 21말[= a_1] = 기인 = 경임,

갑정 = 15말[= a_2],

갑기 = 남는 1말[= c_1] = 정축 = 을진 = 무계,

기경 = 부족한 1.4말[= c_2] = 축묘 = 진신 = 인임 = 정병,

□갑기축정 = (남는 1말) × 15말[= $a x_1$],

□기경임인 = (부족한 14말) × 21[= $a_1 c_2$]

이제, 값의 쌀 x 말을 다음과 같이 구한다.

$$[a_1x_1+a_1c_2 =] \ \square갑기축정+\square기경임인$$
$$= (\square갑기축정+\square정축진을)$$
$$+(\square기경임인-\square진신임인)$$
$$= \square갑기진을+\square기경신진$$
$$= \square갑경신을=갑경 \times 갑을[= (c_1+c_2) \times x],$$
$$[x =] \ 갑을 = (\square갑기축정+\square기경임인) \div 갑경$$
$$[= (a_1x_1+a_1c_2) \div (c_1+c_2)]$$

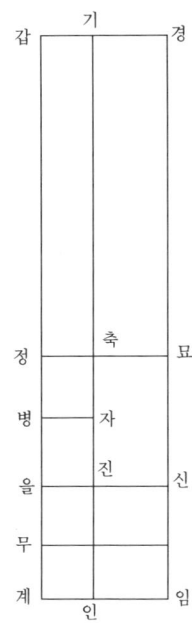

왕감은 위의 기하학적 해법을 제시한 뒤, 그 과정에서 이용한 관계 '□정축진을 = □진신임인'을 밝히고 있다. [즉, $c_1(x-a_2) = c_2(a_1-x)$를 밝히고 있다.] 이는 □을진인계와 □축묘신진이 서로 닮은 꼴이므로 성립한다. [즉, $(a_1-x) : c_1 = (x-a_2) : c_2$ 가 성립한다.] 그 이유는 다음과 같다.

갑의 쌀이 을계 = (a_1-x)만큼 늘어나면 을의 벼는 (a_1-x)만큼 줄어야 한다. 그러므로 을의 여미는 $0.6(a_1-x)$만큼 줄어야 한다. [그런데 $(a_1-x)-0.6(a_1-x) = 1$, 즉 $(a_1-x)-1 = 0.6(a_1-x)$이므로,] 을무 = $0.6(a_1-x) = 0.6 \times$ 을계이므로, 을계 : 을무 = 10 : 6 이고 을계 : 무계 = 을계 : 을진 = 10 : 4 다.

한편, 갑의 쌀이 정을 = $(x-a_2)$만큼 줄어들면 을의 벼는 $(x-a_2)$만큼 늘어나야 한다. 그러므로 을의 여미는 $0.6(x-a_2)$만큼 늘어야 한다. [그런데 $0.6(x-a_2)-(x-a_2) = -1.4$, 즉 $(x-a_2)-1.4 = 0.6(x-a_2)$이므로,] 병을 = $0.6(x-a_2) = 0.6 \times$ 정을이므로 정을 : 병을 = 10 : 6 이고 정을 : 정병 = 축진 : 축묘 = 10 : 4 다.

따라서 □을진인계와 □축묘신진은 세로 : 가로의 비가 10 : 4로 서로 닮은 도형이므로, 원하는 결과를 얻는다.

왕감은 후반부에서 대수학적인 해법을 제시하고 있다.

하-3-7. 지금 있는 사람이 술을 지니고 봄놀이를 하는데, 술의 양은 알 수 없다. 다만 일을 만나면 술의 양의 1배를 더하고 꽃을 만나면 3말 4되를 마신다고 한다. 지금 일을 만나고 꽃을 만나기를 각각 4차례 하여 술을 다 마시고 술 단지가 비었다. 처음 지닌 술의 양은 얼마인가?

今有人携酒游春 不知其數 只云 遇務而添酒一倍 逢花而飮三斗四升 今遇務逢花俱各四次 酒盡壺空 問元携酒數幾何

답 3말 1되 8홉 7작 반

答曰 三斗一升八合七勺半

해법 가령 처음에 지닌 술이 3말 2되라면 2되가 남는다. 가령 처음 지닌 술이 3말이면 3말이 부족하다. 영부족술로 푼다.

그림
3.2 처음 술	3 처음 술
0.2 남음	3 부족
에 따라 산대를 펴고, 유승하여 위의 두 수를 서로 더하여 얻은 1섬 2되를 실이라고 하자. 남는 것과 부족한 것을 서로 더하여 얻은 3말 2되를 법이라고 하자. 실을 법으로 나눈다. 「살펴보면, 처음에 지닌 술 3말 2되에 1배를 더하고 거기에서 3말 4되를 뺀 나머지는 3말이다. 다시 1배를 더하고 다시 3말 4되를 뺀 나머지는 2말 6되다. 다시 1배를 더하고 3말 4되를 뺀 나머지는 1말 8되다. 다시 1배를 더하고 다시 3말 4되를 빼면 2되가 남는다. 그러므로 남는다고 말했다. 가령 처음에 지닌 술이 3말이면 1배를 더하고 3말 4되를 뺀 나머지

는 2말 6되다. 다시 1배를 더하고 3말 4되를 뺀 나머지는 1말 8되다. 다시 1배를 더하고 3말 4되를 뺀 나머지는 2되다. 다시 1배를 더하면 4되이고 3말 4되를 빼면 3말이 모자란다. 따라서 부족이라고 말했다.」 문제에 맞는다.

術曰 假令元酒三斗二升 有餘二升 令之元酒三斗 不足三斗 乃以盈

不足術求之 依圖布筭 維乘上二位 相幷一碩二升

爲實 以盈不足相幷 得三斗二升 爲法 實如法而一「按元酒三斗

二升 倍之 內減三斗四升 餘三斗 又倍之 又減三斗四升 餘二斗六升 又

倍 又減三斗四升 餘一斗八升 又倍 又減三斗四升 外多二升 故曰有餘

令之三斗 倍之 減三斗四升 餘二斗六升 又倍 又減三斗四升 餘一斗八

升 又倍 又減三斗四升 餘二升 又倍 得四升 反減三斗四升 外少三斗 故

曰不足」合問

❀ • 역자 주해 •

이 문제 역시 영부족술의 응용이다. 원래 가지고 간 술을 x 말이라고 하면, 현대식으로 다음과 같이 해를 구할 수 있다.

$$2(2(2(2x-3.4)-3.4)-3.4)-3.4 = 0,$$
$$2^4x-(2^3+2^2+2+1) \times 3.4 = 0,$$
$$16x-15 \times 3.4 = 16x-51 = 0, \cdots\cdots①$$
$$x = 51 \div 16 = 3.1875(말)$$

해법에서는 일차 방정식 $ax+b=c$ 의 해 $x=\dfrac{c-b}{a}$ 를, $x=a_1=3.2$와 $x=a_2=3$라고 가정할 때 생기는 오차로 남는 $c_1=0.2$과 부족한 $c_2=3$을 이용해서 영부족법으로 구하고 있다. 즉, 다음과 같은 연립 방정식을 푸는 것과 같다.

$$\begin{cases} a_1 a = c - b + c_1 \\ a_2 a = c - b - c_2 \end{cases}, \quad \begin{cases} 3.2a = c - b + 0.2 \\ 3a = c - b - 3 \end{cases}$$

영부족술에 의해 $a = \dfrac{c_1 + c_2}{a_1 - a_2}$, $c - b = \dfrac{a_1 c_2 + a_2 c_1}{a_1 - a_2}$ 이므로, 구하는 값은 다음과 같다.

$$x = \frac{c - b}{a} = \frac{a_1 c_2 + a_2 c_1}{c_1 + c_2} = \frac{3.2 \times 3 + 3 \times 0.2}{0.2 + 3} = \frac{10.2}{3.2} = \frac{51}{16} = 3.1875$$

왕감은 『산학계몽술의』에서 위 해법의 정당성을 기하학적으로 밝히고 있는데, 여기서는 생략한다.

하-3-8. 금 소나무와 대나무가 동시에 났다. 다만 첫날에 소나무는 5자 자라고 대나무는 2자 자라며, 소나무는 날마다 그 앞날에 자란 길이의 반만큼 자라고 대나무는 날마다 그 앞날에 자란 길이의 2배만큼 자란다고 한다. 소나무와 대나무는 며칠에 그리고 어떤 길이로 같아지는가?

今有松竹幷生 只云 松初日長五尺 竹長二尺 松日自半 竹日自倍 問 松竹幾何日而長等

답 $2\dfrac{2}{9}$ 일

각각 7자 $7\frac{7}{9}$치

答曰 二日 九分日之二

各長 七尺七寸 九分寸之七

해법 가령 2일이면 1자 5치가 부족하다. 가령 3일이면 5자 2치 5푼이 남는다. 이를 영부족술의 방법으로 푼다.

그림
2 이일	3 삼일
1.5 부족	5.25 남음

에 따라 산대를 펴고, 유승하여 위의 두 수를 더하여 얻은 1장 5자를 실이라고 하자. 남는 것과 부족한 것을 더하여 얻은 6자 7치 반을 법이라고 하자. 실을 법으로 나누고 법에 모자라는 것은 각각 7치 반으로 약분하여 일수를 얻는다.[6] 길이를 구하기 위해서, 셋째 날 자란 것에 날의 분자를 곱한다. 분모로 나누어 얻은 수를 각각 2일간 자란 수에 더하면 같은 길이를 얻는다.[7] 「살펴보면, 소나무는 2일 동안 7자 5치 자라고 대나무는 6자 자란다. 그러므로 대나무의 길이는 소나무의 길이에 1자 5치 모자란다. 따라서 부족하다고 말했다. 3일이면 소나무의 길이는 8자 7치 반이고 대나무의 길이는 1장 4자다. 그러므로 대나무가 도리어 소나무보다 5자 2치 반이 더 길다. 따라서 남는다고 말했다.」 문제에 맞는다.

術曰 假令 二日不足一尺五寸 令之三日 有餘五尺二寸五分 乃以盈

不足術求之 依圖布筭 維乘 上二位 倂得一丈五尺 爲

實 倂盈不足術 得六尺七寸半 爲法 實如法而一 不滿法者 各

以七寸半約之 得日數也 求長者各以第三日所長 以日分子乘之

---

6) 15 / 6.75를 계산하는 과정에서 300 / 135를 분모와 분자의 최대공약수 75로 약분하는 것에 대한 설명이다.

7) 2와 2 / 9일이므로 셋째 날에 자란 길이의 2 / 9만큼을 구하여 2일의 길이에 더해주는 것이다.

如日分母而一 各得日分子之長 又各增二日長數 得松竹等長也
「按此二日 松長七尺五寸 竹長六尺 乃竹不及松長一尺五寸 故曰不足 令之
三日 松長八尺七寸半 竹長一丈四尺 乃竹却過 松五尺二寸半 故曰有餘」
合問

🌸 • 역자 주해 1 •

위의 문제는 영부족술의 응용으로, 『구장산술』 제7권 「영부족」의 제11
문과 같은 상황과 같은 유형이다. 위의 문제에서 소나무는 첫째 날에 5
자 자라고, 다음 날부터는 그 앞날에 자란 길이의 반만큼 자란다. 한편,
대나무는 첫째 날에 2자 자라고, 다음 날부터는 그 앞날에 자란 길이의 1
배만큼 자란다. 이를 표로 나타내면 다음과 같다.

	제1일	제2일	제3일
소나무	5자	$5+2.5=7.5$(자)	$7.5+1.25=8.75$(자)
대나무	2자	$2+4=6$(자)	$6+8=14$(자)
(대나무 길이)−(소나무 길이)		−1.5자	+5.25자

위의 해법은 셋째 날 나무들이 시간의 흐름에 따라 일정하게 자란다
고 가정하고 있다. 즉, 시간의 흐름에 따른 나무들의 길이가 일차 함수로
표현된다고 가정하고 있다. 그러므로 이를 그림으로 나타내면 오른쪽 그
래프와 같다.

실제로, x 일째($2 \leq x \leq 3$) 대나무가 소나무보다 큰 길이 y는 다음과 같이

나타내어진다.

$$y = 6.75(x-2)-1.5$$

그러므로 문제는 $6.75(x-2)-1.5 = 0$ 인 x를 찾는 것이다.

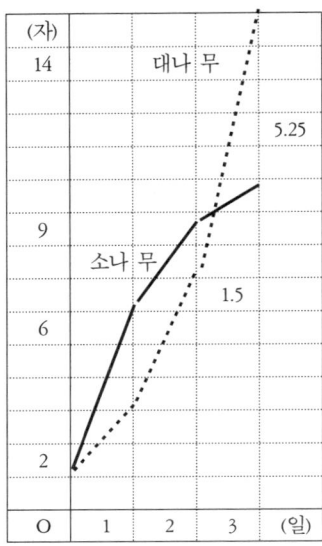

해법에서는 일차 방정식 $ax+b=c$ 의 해 $x = \dfrac{c-b}{a}$ 를, $x = a_1 = 3$과 $x = a_2 = 2$ 라고 가정할 때 생기는 오차로 남는 c_1 = 5.25와 부족한 $c_2 = 1.5$를 이용해서 영부족법으로 구하고 있다. 즉, 다음과 같은 연립 방정식을 풀고 있다.

$$\begin{cases} a_1 a = c-b+c_1 \\ a_2 a = c-b-c_2 \end{cases}, \quad \begin{cases} 3a = c-b+5.25 \\ 2a = c-b-1.5 \end{cases}$$

영부족술에 의해 $a = \dfrac{c_1+c_2}{a_1-a_2}$, $c-b = \dfrac{a_1 c_2 + a_2 c_1}{a_1-a_2}$ 이므로, 구하는 값은 다음과 같다.

$$x = \frac{c-b}{a} = \frac{a_1 c_2 + a_2 c_1}{c_1 + c_2} = \frac{3 \times 1.5 + 2 \times 5.25}{5.25 + 1.5} = \frac{15}{6.75} = \frac{20}{9} = 2\frac{2}{9}$$

다음에 그 때까지 자란 길이를 구하기 위해서는, 시간에 따른 성장률이 일정하다고 가정하고 있으므로 셋째 날에 자라는 길이 1.25자와 8자의 $\dfrac{2}{9}$ 를 둘째 날까지 자란 길이에 더하여 구한다. 즉, 다음과 같다.

소나무 $7.5 + 1.25 \times \dfrac{2}{9} = 7\dfrac{7}{9}$,

대나무 $6 + 8 \times \dfrac{2}{9} = 7\dfrac{7}{9}$

왕감은 『산학계몽술의』에서 위 해법의 정당성을 기하학적으로 밝히고 있는데, 여기서는 생략한다.

하-3-9. 지금 거위와 오리가 99마리 있는데, 맞돈은[돈으로 치면] 903문이다. 다만 거위 9마리의 맞돈은 123문이고 오리 6마리의 맞돈은 46문이라고 한다. 거위와 오리는 각각 몇 마리이고 값은 얼마인가?

今有鵝鴨九十九隻　直錢九百三文　只云　鵝九隻直錢一百二十三文
鴨六隻直錢四十六文　問二色及各價幾何

답　거위 24마리, 맞돈 328문
　　　오리 75마리, 맞돈 575문

答曰　鵝　二十四隻　直錢　三百二十八文
　　　　鴨　七十五隻　直錢　五百七十五文

해법　가령 거위가 27마리이고 오리가 72마리이면 돈이 18문 남는다. 가령 거위가 21마리이고 오리가 78마리이면 돈이 18문 부족하다. 이제 영부족술로 푼다.

그림
27	거위	21
72	오리	78
18	돈	18
에 따라 산대를 펴고, 유승하여 왼쪽 위로는
486을 얻고 오른쪽 위로는 378을 얻는다. 이를 더하면 864를 얻는
다. 왼쪽 가운데로는 1296을 얻고, 오른쪽 가운데로는 1404를 얻
는다. 이를 더하여 얻은 2700이고 각자 실로 한다. 남는 것과 부족
한 것을 더하여 얻은 36을 법으로 하여 나누면, 위는 거위의 수이
고 가운데는 오리의 수이다. 「이를 살펴보면, 거위 27마리의 맞돈은 369
문이다. 오리 72마리의 맞돈은 552문이다. 이를 더하면 921문이 되어 903문과
비교하면 18문이 많다. 그래서 남는다고 말했다. 가령 거위가 21마리이면 맞
돈은 287문이다. 오리가 78마리이면 맞돈은 598문이다. 이를 더하여 885문을
얻는다. 903문과 비교하면 18문이 모자란다. 그래서 부족하다고 말했다.」 문
제에 맞는다.

術曰 假令鵝二十七隻　鴨七十二隻　有餘錢一十八文　若令鵝二十一隻
鴨七十八隻　　不足錢一十八文　　乃以盈不足術求之　　依圖布算

維乘　左上　得四百八十六　右上　得三百七十八　幷之　得
八百六十四　左中　得一千二百九十六　右中　得一千四百四　幷之
得二千七百　各自　爲實　併盈不足　得三十六爲法　而一　上爲鵝
數　中爲鴨數「按此鵝二十七隻　直錢三百六十九文　鴨七十二隻　直錢五百
五十二文　併之　共得九百二十一文　課於九百三文　外多一十八文　故曰有餘
若令鵝二十一　直錢二百八十七文　鴨七十八隻　直錢五百九十八文　併之　共
得八百八十五文　課於九百三文　外少一十八文　故曰不足」合問

🌸 ● 역자 주해 1 ●

위의 해법에서는 거위와 오리의 수를 별도로 구하고 있다. 현대식으

로, 거위가 x 마리이면 오리는 $(99-x)$마리이므로, 다음이 성립한다.

$$\frac{123}{9}x + \frac{46}{6}(99-x) = 903,$$

$$\left(\frac{123}{9} - \frac{46}{9}\right)x + \frac{46}{6} \cdot 99 = 903$$

해법에서는 일차 방정식 $ax+b=c$ 의 해 $x = \dfrac{c-b}{a}$ 를, $x = a_1 = 27$과 $x = a_2 = 21$이라고 가정할 때 생기는 오차로 남는 $c_1 = 18$과 부족한 $c_2 = 18$을 이용해서 영부족법으로 구하고 있다. 즉, 다음과 같은 연립 방정식을 푸는 것과 같다.

$$\begin{cases} a_1 a = c - b + c_1 \\ a_2 a = c - b - c_2 \end{cases}, \quad \begin{cases} 27a = c - b + 18 \\ 21a = c - b - 18 \end{cases}$$

영부족술에 의해 $a = \dfrac{c_1 + c_2}{a_1 - a_2}$, $c - b = \dfrac{a_1 c_2 + a_2 c_1}{a_1 - a_2}$ 이므로, 구하는 값은 다음과 같다.

$$x = \frac{c-b}{a} = \frac{a_1 c_2 + a_2 c_1}{c_1 + c_2} = \frac{27 \times 18 + 21 \times 18}{18 + 18} = \frac{864}{36} = 24$$

거위가 24 마리이면, 오리는 99-24 = 75마리인데, 해법에서는 오리의 수를 별도로 구하고 있다. 즉, 오리가 y 마리이면, 거위는 $(99-y)$마리이므로, 다음이 성립한다.

$$\frac{123}{9}(99-y) + \frac{46}{6}y = 903,$$

$$\frac{123}{9} \cdot 99 + \left(\frac{46}{6} - \frac{123}{9}\right)y = 903$$

해법에서는 일차 방정식 $ay+b=c$ 의 해 $y=\dfrac{c-b}{a}$ 를, $y=b_1=72$ 와 $y=b_2=78$ 이라고 가정할 때 생기는 오차로 부족한 $c_1=18$ 과 남는 $c_2=18$ 을 이용해서 영부족법으로 구하고 있다. 즉, 다음과 같은 연립 방정식을 푸는 것과 같다.

$$\begin{cases} b_1a=c-b-c_1 \\ b_2a=c-b+c_2 \end{cases}, \quad \begin{cases} 72a=c-b-18 \\ 78a=c-b+18 \end{cases}$$

영부족술에 의해 $a=\dfrac{c_1+c_2}{b_2-b_1}$, $c-b=\dfrac{b_1c_2+b_2c_1}{b_2-b_1}$ 이므로, 구하는 값은 다음과 같다.

$$y=\frac{c-b}{a}=\frac{b_1c_2+b_2c_1}{c_1+c_2}=\frac{72\times 18+78\times 18}{18+18}=\frac{2700}{36}=75$$

※ • **역자 주해 2** •

왕감은 『산학계몽술의』에서 위 해법의 정당성을 기하학적으로 다음과 같이 밝히고 있다.

왕감안 이것 역시 남는 것과 부족한 것을 설정해서 그것을 제어한다.

그림과 같이 갑무(甲戊)는 거위와 오리 전체의 수라 하자. 갑을(甲乙)은 거위의 수이고, 을무(乙戊)는 오리의 수이다.

갑병(甲丙)은 거위를 27마리로 설정한 것이고, 축진(丑辰)과 자신(子辛)도 같다.

병무(丙戊)는 오리를 72마리로 설정한 것이고, 진기(辰己)와 신경(辛庚)도 같다.

갑정(甲丁)은 거위를 21마리로 설정한 것이고, 축인(丑寅)과 자계(子癸)도 같다.

정무(丁戊)는 오리를 78마리로 설정한 것이고, 인기(寅己)와 계경(癸庚)도 같다.

갑축(甲丑)은 남는 것이고, 정인(丁寅), 을묘(乙卯), 병진(丙辰)도 같다.

축자(丑子)는 부족한 것이고, 인계(寅癸), 묘임(卯壬), 진신(辰辛)도 같다.

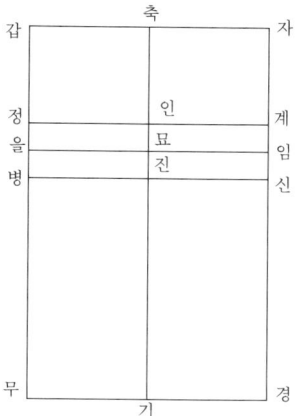

거위의 수 갑병(甲丙)은 원래의 수에 비해 을병(乙丙)만큼 많으므로, 오리의 수는 을병(乙丙)만큼 적다.

그 남는 것 18문은 거위의 수 을병(乙丙)이 오리의 수 을병(乙丙)보다 많은 돈이다.

거위의 수 갑정(甲丁)은 원래의 수에 비해 정을(丁乙)만큼 적으므로, 오리의 수는 정을(丁乙)만큼 많다.

그 부족한 18문은 오리의 수 정을(丁乙)이 거위의 수 정을(丁乙)에 미치지 못하는 돈이다.

무릇 남는 것과 부족한 것이 이미 18문으로 같으므로, 정을(丁乙)은 반드시 을병(乙丙)과 같다.

그래서 네 개의 사각형 정을묘인(丁乙卯寅), 을병진묘(乙丙辰卯), 인묘임계(寅卯壬癸), 묘진신임(卯辰辛壬)은 모두 같다.

남는 갑축(甲丑)을 거위의 수 갑정(甲丁)에 곱하면 사각형 갑정인축(甲丁寅丑)을 얻고, 부족한 축자(丑子)를 거위의 수 축진(丑辰)에 곱하면 사각형 축진신자(丑辰辛子)를 얻는다.

두 사각형을 서로 더하고 묘진신임(卯辰辛壬)으로 그 모자라는 곳 정을묘인(丁乙卯寅)을 보충하면 사각형 갑을임자(甲乙壬子)가 이루어진다. 이 수는 남는 것과 부족한 것을 더한 갑자(甲子)를 거위의 수 갑을(甲乙)에 곱한 것이다. 그러므로 남는 것과 부족한 것을 더한 것으로 나누면 거위의 수를 얻는다.

남는 정인(丁寅)과 오리의 수 정무(丁戊)를 곱하면 사각형 정무기인(丁戊己寅)을 얻고, 부족한 진신(辰辛)을 오리의 수 진기(辰己)에 곱하면 사각형 진기경신(辰己庚辛)을 얻는다.

두 사각형을 서로 더하고 정인묘을(丁寅卯乙)로 그 모자라는 곳 묘임신진(卯壬辛辰)을 보충하면 사각형 을무경임(乙戊庚壬)이 이루어진다. 이 수는 남는 것과 부족한 것을 더한 을임(乙壬)을 오리의 수 을무(乙戊)에 곱한 것이다. 그러므로 남는 것과 부족한 것을 더한 것으로 나누면 오리의 수를 얻는다.

鑒案　此亦設爲盈不足 以御之也

如圖 甲戊爲鵝鴨共數 甲乙爲鵝數 乙戊爲
鴨數

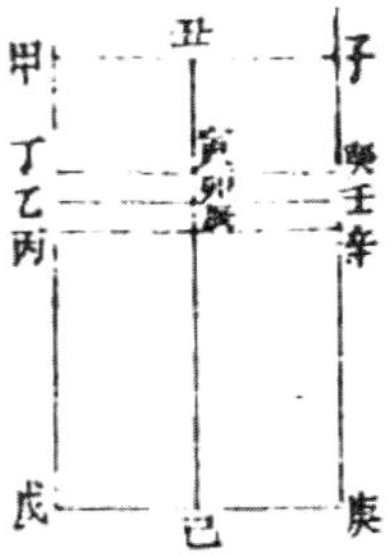

甲丙爲所設鵝二十七隻之數 丑辰子辛同

丙戊爲所設鴨七十二隻之數 辰己辛庚同

甲丁爲所設鵝二十一隻之數 丑寅子癸同

　丁戊爲所設鴨七十八隻之數 寅己癸庚同

甲丑爲有餘 丁寅乙卯丙辰同

丑子爲不足 寅癸卯壬辰辛同

甲丙鵝數 較原數 多一乙丙 則鴨數少一乙丙

其有餘之一十八文 乃乙丙鵝數多於乙丙鴨數之錢也

甲丁鵝數 較原數 少一 丁乙 則鴨數多一丁乙

其不足之一十八文 乃丁乙鴨數 不及丁乙鵝數之錢也

夫有餘不足 旣同爲一十八文 則丁乙必等於乙丙

而丁乙卯寅 乙丙辰卯 寅卯壬癸 卯辰辛壬 四形俱等矣

以有餘甲丑乘甲丁鵝數 得甲丁寅丑形

以不足丑子乘丑辰鵝數 得丑辰辛子形

兩形相併 以卯辰辛壬補丁乙卯寅缺處 成甲乙壬子形

此數乃甲子盈不足併 乘甲乙鵝數之積 故以盈不足併 除之 得鵝數

以有餘丁寅乘鴨數丁戊 得丁戊己寅形

以不足辰辛乘鴨數辰己 得辰己庚辛形

兩形相併 以丁寅卯乙補卯壬辛辰缺處 成乙戊庚壬形

此數乃乙壬盈不足併 乘乙戊鴨數之積 故以盈不足併 除之 得鴨數

왕감의 주석을 현재 사용하는 기호로 나타내면 다음과 같다.
오른쪽 그림에서 각 선분과 사각형은 다음과 같다.

갑무 = 거위와 오리 전체의 쉬[$=x+y$],
갑을 = 거위의 쉬[$=x$],
을무 = 오리의 쉬[$=y$],
갑병 = 거위 27마리[$=a_1$] = 축진 = 자신,
병무 = 오리 72마리[$=b_1$] = 진기 = 신경,
갑정 = 거위 21마리[$=a_2$] = 축인 = 자계,
정무 = 오리 78마리[$=b_2$] = 인기 = 계경,
갑축 = 남는 것[$=c_1$] = 정인 = 을묘 = 병진,
축자 = 부족한 것[$=c_2$] = 인계 = 묘임 = 진신

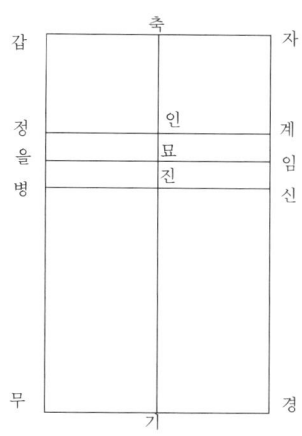

여기서 다음을 알 수 있다.

$[a_1-x=]$ 갑병－갑을 = 을병 = 을무－병무
$$[\ =y-b_1],$$
남는 +18문 = 을병×(거위 1마리 값)－을병×(오리 1마리 값) …… ①,
$[x-a_2=]$ 갑을－갑정 = 정을 = 정무－을무[$=b_2-y$]
부족한 －18문 = 정을×(오리 1마리 값)－정을×(거위 1마리 값) …… ②
①, ②→ : 정을 = 을병,
□정을묘인 = □을병진묘 = □인묘임계 = □묘진신임

그러므로 거위의 수 x 는 다음과 같이 구한다.

□갑정인축 = 갑축×갑정[$=a_2c_1$],
□축진신자 = 축자×축진[$=a_1c_2$],

$[a_xc_1+a_1c_2 =]$ □갑정인축+□축진신자

$\qquad$ = (□갑정인축+□정을묘인)+(□축진신자-□묘진신임)

$\qquad$ = □갑을묘축+□축묘임자

$\qquad$ = □갑을임자 = 갑자 × 갑을[$= (c_1+c_2) \times x$],

$[x =]$ 갑을 = (□갑정인축+□축진신자) ÷ 갑자[$= (a_xc_1 1 + a_1c_2) ÷ (c_1+c_2)$]

그리고 오리의 수 y 는 다음과 같이 구한다.

$\qquad$ □정무기인 = 정인 × 정무[$= b_xc_1$],

$\qquad$ □진기경신 = 진신 × 진기[$= b_1c_2$],

$[b_xc_1+b_1c_2 =]$ □정무기인+□진기경신

$\qquad$ = (□정무기인-□정을묘인)+(□진기경신+□묘임신진)

$\qquad$ = □을무기묘+□묘기경임

$\qquad$ = □을무경임 = 을임 × 을무[$= (c_1+c_2) \times y$],

$[y =]$ 을무 = (□정무기인+□진기경신) ÷ 을임[$= (b_xc_1+b_1c_2) ÷ (c_1+c_2)$]

방정정부문 아홉 문제

方程正負門　九問

　　여기의 문제들은 『구장산술』 제8권 〈방정〉에 있는 것과 같은 유형으로, 연립 일차 방정식의 풀이를 요구한다. 동아시아의 전통 산학에서는 이런 경우에, 아래의 왼쪽과 같이 표현되는 연립 일차 방정식을 아래의 오른쪽과 같이 산대를 이용해서 각 방정식의 계수를 한 행[1])에 나타내어 확대 계수 행렬을 만들고, (현재의 용어로) 기본 행 연산을 통해 답을 구한다.

$$\begin{cases} a_{11}x + a_{12}y + a_{13}z = b_1 \\ a_{21}x + a_{22}y + a_{23}z = b_2 \\ a_{31}x + a_{32}y + a_{33}z = b_3 \end{cases} \qquad \begin{pmatrix} a_{31} & a_{21} & a_{11} \\ a_{32} & a_{22} & a_{12} \\ a_{33} & a_{23} & a_{13} \\ b_3 & b_2 & b_1 \end{pmatrix}$$

　　이런 계산에서 음수의 출현을 피하기 어렵다. 『구장산술』에서 양수와 음수의 가감 연산을 위한 법칙인 정부술이 등장하는 것 역시 제8권 「방정」이다. 방정술의 계산에서 양수와 음수의 자유로운 계산이 요구되므로 방정정부법이라 일컫는다.

---

1) 현재 열이라고 부르는 것을 『구장산술』에서는 행이라 부르고 있다.

❹ 방정정부문　125

여기의 산대 그림은 왕감의 『산학계몽술의』에서 복사했다. 이 〈방정정부문〉에 대한 『산학계몽술의』의 주석은 거의 대부분 각 계산 과정을 좀 더 자세하게 설명한 것에 불과하다.

하-4-1. 지금 벼가 216말 있는데, 한 말의 값은 돈으로 2문이다. 돈으로 계산하면 얼마인가?

今有羅四尺 綾五尺 絹六尺 直錢一貫二百一十九文 羅五尺 綾六尺 絹四尺 直錢一貫二百六十八文 羅六尺 綾四尺 絹五尺 直錢一貫二百六十三文 問羅綾絹尺價各幾何

답　라 98문
　　　능 85문
　　　견 67문

答曰　羅 九十八文
　　　綾 八十五文
　　　絹 六十七文

6 라	5 라	4 라
4 능	6 능	5 능
5 견	4 견	6 견
1263	1268	1219

해법　그림 에 따라 산대를 펴고, 곧 오른쪽 열을 가운데와 왼쪽 두 열에서 직접 뺀다. 가운데 열은 라는 +1, 능은 +1, 견은 -2, 돈은 +49이고, 왼쪽 열은 라는 +2, 능은 -1, 견은 -1, 돈은 +44이다. 또 오른쪽 열 위의 라 4를 가운데와 왼쪽 두 열에 두루 곱하고, 오른쪽 열을 가운데 열에 부호가 같으면 빼고 부호가 다르면 더하면 라는 0, 능은 -1, 견은 -14, 돈은 -1관

23문이다. 다시 오른쪽 열에 2배 해서 왼쪽 열에 부호가 같으면 빼고 부호가 다르면 더하면 라는 0, 능은 −14, 견은 −16, 돈은 −2관 262문이다. 또 가운데 열의 능을 14배 해서 왼쪽 열에서 직접 빼면 라와 능은 0이고 나머지 견은 180자고 돈은 12관 60문이다. 위를 법으로 하고 아래를 실로 해서 나누면 견 한 자의 값을 얻는다. 이것을 가운데 열의 견에 곱하고 가운데 열의 돈에서 뺀 나머지는 곧 능 한 자의 값이다. 나아가 오른쪽 열의 능 5자에 곱하면 425를 얻는다. 오른쪽 아래의 돈에서 뺀다. 또, 견한 자의 값을 오른쪽 열의 견 6에 곱하면 402문을 얻는다. 또, 오른쪽 아래의 돈에서 뺀 나머지는 392문이다. 이를 4로 나누면 라 한 자의 값을 얻는다. 문제에 맞는다.

術曰 依圖布算 便以右行直減中左二行 中行 羅正一 綾正一 絹負二 錢正四十九 左行 羅正二 綾負一 絹負一 錢正四十四 又以右上羅四尺遍因中左二行 仍用右行 同減異加中行 羅空 綾負一 絹負十四 錢負一貫二十三文 又以右行二次 同減異加左行 羅空 綾負十四 絹負十六 錢負二貫二百六十二文 又以中行綾十四次直減左行 羅綾空餘絹一百八十尺 錢一十二貫六十文 上法下實而一 得絹尺價 以乘中行絹 就減中行錢 餘卽綾尺價 就乘右行綾五尺 得四百二十五 以減右下錢 又以絹尺價乘右行絹六尺 得四百二文 又減右下錢 餘三百九十二文 以四約之 得羅尺價 合問

라 한 자는 x 문, 능 한 자는 y 문, 견 한 자는 z 문이라고 하면, 다음 관

계가 성립한다.

$$\begin{cases} 4x + 5y + 6z = 1219 \\ 5x + 6y + 4z = 1268 \\ 6x + 4y + 5z = 1263 \end{cases}$$

해법에서는 각 방정식의 계수와 상수항을 열로 나열하고 기본 행 연산과 같은 방법을 이용해서 해를 구했다. 그 과정을 행렬로 나타내면 다음과 같다.

$$\begin{pmatrix} 6 & 5 & 4 \\ 4 & 6 & 5 \\ 5 & 4 & 6 \\ 1263 & 1268 & 1219 \end{pmatrix} \rightarrow \begin{pmatrix} 2 & 1 & 4 \\ -1 & 1 & 5 \\ -1 & -2 & 6 \\ 44 & 49 & 1219 \end{pmatrix} \rightarrow \begin{pmatrix} 8 & 4 & 4 \\ -4 & 4 & 5 \\ -4 & -8 & 6 \\ 176 & 196 & 1219 \end{pmatrix} \rightarrow$$

$$\begin{pmatrix} 0 & 0 & 4 \\ -14 & -1 & 5 \\ -16 & -14 & 6 \\ -2262 & -1023 & 1219 \end{pmatrix} \rightarrow \begin{pmatrix} 0 & 0 & 4 \\ 0 & -1 & 5 \\ 180 & -14 & 6 \\ 12060 & -1023 & 1219 \end{pmatrix} \rightarrow \begin{pmatrix} 0 & 0 & 4 \\ 0 & 1 & 5 \\ 1 & 14 & 6 \\ 67 & 1023 & 1219 \end{pmatrix} \rightarrow$$

$$\begin{pmatrix} 0 & 0 & 4 \\ 0 & 1 & 5 \\ 1 & 0 & 6 \\ 67 & 85 & 1219 \end{pmatrix} \rightarrow \begin{pmatrix} 0 & 0 & 4 \\ 0 & 1 & 0 \\ 1 & 0 & 6 \\ 67 & 85 & 794 \end{pmatrix} \rightarrow \begin{pmatrix} 0 & 0 & 4 \\ 0 & 1 & 0 \\ 1 & 0 & 0 \\ 67 & 85 & 392 \end{pmatrix} \rightarrow \begin{pmatrix} 0 & 0 & 1 \\ 0 & 1 & 0 \\ 1 & 0 & 0 \\ 67 & 65 & 98 \end{pmatrix}$$

하-4-2. 지금 말 2마리, 소 3마리, 양 4마리가 있는데, 그 값은 각각 1만 문이 못된다. 만약 말에 소 1마리를 첨가하고 소에 양 1마리를 첨가하며, 양에 말 1마리를 첨가하면 각각 1만이 된다. 세 가지 각 1마리의 값은 얼마인가?

今有二馬三牛四羊價 各不滿一萬 若馬添牛一 牛添羊一 羊添馬一 各滿一萬 問三色各一價錢幾何

답 말 3600문

소 2800문

양 1600문

答曰 馬 三千六百文

牛 二千八百文

羊 一千六百文

1 빌린 말	0	2 말 2마리
0	3 소 3마리	1 빌린 소
4 양 4마리	1 빌린 양	0
1 돈 만문	1 돈 만문	1 돈 만문

해법 그림 에 따라 산대를 펴고, 오른쪽 위의 말 2를 왼쪽 열에 두루 곱한다. 이를 오른쪽 열로 바로 뺀다. 말은 0, 소는 −1, 양은 +8, 돈은 +1만이다. 또, 가운데 열의 소 3을 왼쪽 열에 두루 곱한다. 가운데 열을 왼쪽 열에 부호가 다르면 빼고 부호가 같으면 더하여 말과 소는 0이고, 나머지 양은 25, 돈은 4만이다. 위를 법, 아래를 실로 하여 나누면, 양의 값을 얻는다. 가운데 열의 돈에서 양 한 마리의 값을 뺀 나머지를 3으로 나누면 소의 값을 얻는다. 오른쪽 열의 돈에서 소 한 마리의 값을 뺀 나머지를 반으로 나누면 곧 말의 값이다. 문제에 맞는다.

術曰 依圖布算 以右上馬二遍因左行 以右行直減之 馬空牛負一羊正八錢正一萬 又以中行牛三遍因左行 以中行異減同加左行 馬牛位空 餘羊二十五錢四萬 上法下實而一 得羊價 中行錢 內減一羊價 餘以三約之 得牛價 右行錢內減一牛價 餘半之 卽馬價 合問

말 한 마리의 값을 x 문, 소 한 마리의 값을 y 문, 양 한 마리의 값을 z 문이라 하면, 다음 관계가 성립한다.

$$\begin{cases} 2x+y = 10000 \\ 3y+z = 10000 \\ 4z+x = 10000 \end{cases}$$

해법에서는 각 방정식의 계수와 상수항을 열로 나열하고 기본 행 연산과 같은 방법을 이용해서 해를 구했다. 그 과정을 행렬로 나타내면 다음과 같다.

$$\begin{pmatrix} 1 & 0 & 2 \\ 0 & 3 & 1 \\ 4 & 1 & 0 \\ 10000 & 10000 & 10000 \end{pmatrix} \rightarrow \begin{pmatrix} 2 & 0 & 2 \\ 0 & 3 & 1 \\ 8 & 1 & 0 \\ 20000 & 10000 & 10000 \end{pmatrix} \rightarrow \begin{pmatrix} 0 & 0 & 2 \\ -1 & 3 & 1 \\ 8 & 1 & 0 \\ 10000 & 10000 & 10000 \end{pmatrix} \rightarrow$$

$$\begin{pmatrix} 0 & 0 & 2 \\ -3 & 3 & 1 \\ 24 & 1 & 0 \\ 30000 & 10000 & 10000 \end{pmatrix} \rightarrow \begin{pmatrix} 0 & 0 & 2 \\ 0 & 3 & 1 \\ 25 & 1 & 0 \\ 40000 & 10000 & 10000 \end{pmatrix} \rightarrow \begin{pmatrix} 0 & 0 & 2 \\ 0 & 3 & 1 \\ 1 & 1 & 0 \\ 1600 & 10000 & 10000 \end{pmatrix} \rightarrow$$

$$\begin{pmatrix} 0 & 0 & 2 \\ 0 & 3 & 1 \\ 1 & 0 & 0 \\ 1600 & 8400 & 10000 \end{pmatrix} \rightarrow \begin{pmatrix} 0 & 0 & 2 \\ 0 & 1 & 1 \\ 1 & 0 & 0 \\ 1600 & 2800 & 10000 \end{pmatrix} \rightarrow \begin{pmatrix} 0 & 0 & 2 \\ 0 & 1 & 0 \\ 1 & 0 & 0 \\ 1600 & 2800 & 7200 \end{pmatrix} \rightarrow$$

$$\begin{pmatrix} 0 & 0 & 1 \\ 0 & 1 & 0 \\ 1 & 0 & 0 \\ 1600 & 2800 & 3600 \end{pmatrix}$$

하-4-3. 지금 토끼 4마리와 닭 3마리의 값은 1000문보다 토끼 반 마리의 값만큼 크다. 토끼 3마리와 닭 4마리의 값은 1000문보다 닭 반 마리의 값만큼 작다. 닭과 토끼 각 한 마리는 돈으로 치면 얼마인가?

今有四免三雞價 過一千 多半免之價 三免四雞價 不滿一千 少半雞 之價 問雞免各一直錢幾何

답 토끼 $222\frac{6}{27}$ 문

닭 $74\frac{2}{27}$ 문

答曰 免 二百二十二文 二十七分文之六
雞 七十四文 二十七分文之二

해법 그림

6	토끼	7
9	닭	6
2	돈	2

에 따라 산대를 편다. 「토끼 7마리와 닭 6마리는 돈으로 치면 2000문이고, 토끼 6마리와 닭 9마리는 돈으로 치면 2000문이다.」 먼저 왼쪽 열을 오른쪽 열에서 바로 뺀다. 왼쪽 열 위의 6을 오른쪽 열에 빠짐없이 각각 곱한다. 왼쪽 열을 오른쪽 열에 부호가 같으면 빼고 부호가 다르면 더한다. 「오른쪽 열 아래의 돈은 0이므로 정은 상대가 없으면 부로 된다.」 오른쪽 위의 토끼는 0, 닭은 −27 돈은 −2000 이다. 위를 법, 아래를 실로 하여 나누면 닭의 값을 얻는다. 분모와 곱하고 분자를 더하면 2000을 얻는다. 이를 왼쪽 열의 닭 9에 곱하여 얻은 1만 8000을 옆에 맡겨둔다. 다시 분모 27을 왼쪽 열의 돈에 곱하면 5만 4000을 얻는다. 그 안에서 왼쪽에 맡겨둔 값

을 빼면 3만 6천이 남는다. 이를 6으로 나누면 6000을 얻는다. 분모 27로 나누면 토끼의 값을 얻는다. 문제에 맞는다.

術曰 依圖布算

```
丁兔丌
皿雞丁
二錢二
```

「乃七兔六雞直錢二千 六兔九雞亦直二千」 先以左行直減右行 訖却以左上六遍因右行 仍以左行同減異加右行 「右下錢位空正無人負之」 右上兔空雞二十七 錢二千[2] 上法下實而一 得雞價 就通分內子 得二千 以乘左行雞九 得一萬八千 寄位 又分母二十七通左行錢 得五萬四千 內減寄位 餘三萬六千 以六而一 得六千 以分母二十七約之 得兔價 合問

역자 주해

토끼와 닭 한 마리의 값을 각각 x, y라 하면 다음과 같은 연립 방정식이 성립한다.

$$\begin{cases} 4x + 3y = 1000 + \dfrac{x}{2} \\ 3x + 4y = 1000 - \dfrac{y}{2} \end{cases}$$

각 방정식을 2배로 하고 간단히 하면 다음과 같은 연립 방정식을 얻는다.

$$\begin{cases} 7x + 6y = 2000 \\ 6x + 9y = 2000 \end{cases}$$

---

2) "雞負二十七 錢負二千"으로 고쳐야 한다.

해법에서는 이런 관계를 얻은 뒤에 각 방정식의 계수와 상수항을 열로 나열하고 기본 행 연산과 같은 방법을 이용해서 해를 구했다. 그 과정을 행렬로 나타내면 다음과 같다.

$$\begin{pmatrix} 6 & 7 \\ 9 & 6 \\ 2000 & 2000 \end{pmatrix} \rightarrow \begin{pmatrix} 6 & 1 \\ 9 & -3 \\ 2000 & 0 \end{pmatrix} \rightarrow \begin{pmatrix} 6 & 6 \\ 9 & -18 \\ 2000 & 0 \end{pmatrix} \rightarrow \begin{pmatrix} 6 & 0 \\ 9 & -27 \\ 2천 & -2000 \end{pmatrix} \rightarrow$$

$$\begin{pmatrix} 6 & 0 \\ 9 & 1 \\ 2000 & \dfrac{2000}{27} \end{pmatrix} \rightarrow \begin{pmatrix} 6 & 0 \\ 0 & 1 \\ \dfrac{36000}{27} & \dfrac{2000}{27} \end{pmatrix} \rightarrow \begin{pmatrix} 1 & 0 \\ 0 & 1 \\ \dfrac{6000}{27} & \dfrac{2000}{27} \end{pmatrix} \rightarrow \begin{pmatrix} 1 & 0 \\ 0 & 1 \\ 222\dfrac{6}{27} & 74\dfrac{2}{27} \end{pmatrix}$$

하-4-4. 지금 있는 닭 5마리와 토끼 4마리는 합해서 무게가 10근 반이다. 토끼가 무겁고 닭이 가벼운데, 1마리씩 교환하여 무게를 측정하니, 무게가 똑같았다. 닭과 토끼 각 한 마리의 무게는 얼마인가?

今有五雞四兔 共重十斤半 兔重雞輕 交換其一 秤之 重適等 問雞兔各一重幾何

답   닭 $15\dfrac{3}{11}$ 냥

토끼 1근 $6\dfrac{10}{11}$ 냥

答曰   雞 一十五兩 一十一分兩之三
兔 一斤六兩 一十一分兩之十

해법 그림

1	닭	4
3	토끼	1
84	무게	84

에 따라 산대를 편다. 「여기서 닭 네 마리와 토끼 한 마리의 무게는 84냥이고, 닭 한 마리와 토끼 세 마리의 무게는 84냥이다.」 오른쪽 열 위의 닭 4를 왼쪽 열에 모두 곱한다. 오른쪽 열을 왼쪽 열에서 바로 빼면, 닭은 0, 토끼는 11, 무게 252냥이 된다. 위를 법으로 아래를 실로 하여 나누면, 토끼의 무게를 얻는다. 분모와 곱해서 분자를 더하면 252를 얻고 자리에 맡겨둔다. 분모 11을 오른쪽 아래의 무게에 곱하면 924를 얻는다. 이를 어 맡겨둔 자리에서 빼면 672가 남는다. 이를 4로 나누면 168을 얻는다. 또, 분모 11로 나누면 닭 한 마리의 무게를 얻는다. 법에 차지 않는 것은 나머지는 분수로 나타낸다. 문제에 맞는다.

術曰 依圖布算 「乃四雞一兎重八十四兩 一雞三兎重八十四兩」以右上雞四遍因左行 仍以右行直減之 左上雞空餘兎十一重二百五十二兩 上法下實而一 得兎重 通分內子 得二百五十二 寄位 以分母十一通右下重 得九百二十四 以減寄位 餘六百七十二 以四而一 得一百六十八 又以分母十一約之 得雞重 不滿法者 命之 合問

· 역자 주해 ·

닭 한 마리의 무게를 x냥, 토끼 한 마리의 무게를 y냥이라고 하면, 다음이 성립한다.

$$\begin{cases} 5x+4y=168 \\ 4x+y=3y+x \end{cases}$$

여기서 $(4x+y)+(3y+x)=5x+4y$ 이므로 다음이 성립한다.

$$\begin{cases} 4x+y=84 \\ x+3y=84 \end{cases}$$

해법에서는 이런 관계를 얻은 뒤에 각 방정식의 계수와 상수항을 열로 나열하고 기본 행 연산과 같은 방법을 이용해서 해를 구했다. 그 과정을 행렬로 나타내면 다음과 같다.

$$\begin{pmatrix} 1 & 4 \\ 3 & 1 \\ 84 & 84 \end{pmatrix} \rightarrow \begin{pmatrix} 4 & 4 \\ 12 & 1 \\ 336 & 84 \end{pmatrix} \rightarrow \begin{pmatrix} 0 & 4 \\ 11 & 1 \\ 252 & 84 \end{pmatrix} \rightarrow \begin{pmatrix} 0 & 4 \\ 1 & 1 \\ \frac{252}{11} & 84 \end{pmatrix} \rightarrow$$

$$\begin{pmatrix} 0 & 4 \\ 1 & 1 \\ \frac{252}{11} & \frac{924}{11} \end{pmatrix} \rightarrow \begin{pmatrix} 0 & 4 \\ 1 & 0 \\ \frac{252}{11} & \frac{672}{11} \end{pmatrix} \rightarrow \begin{pmatrix} 0 & 1 \\ 1 & 0 \\ \frac{252}{11} & \frac{168}{11} \end{pmatrix} \rightarrow \begin{pmatrix} 0 & 1 \\ 1 & 0 \\ 22\frac{10}{11} & 15\frac{3}{11} \end{pmatrix}$$

하-4-5. 지금 갑, 을, 병이 실을 가지고 있는데, 그 수량은 알지 못한다. 다만, 갑의 실에 을의 실 $\frac{3}{4}$ 과 병의 실 $\frac{1}{4}$ 을 첨가하면 148 근이 되고, 을의 실에 갑의 실 $\frac{1}{4}$ 과 병의 실 $\frac{3}{4}$ 을 첨가하면 128 근이 되며, 병의 실에 갑의 실 $\frac{3}{4}$ 과 을의 실 $\frac{1}{4}$ 을 첨가하면 132 근이 된다. 갑, 을, 병 각각의 실은 얼마인가?

今有甲乙丙持絲 不知其數 甲云得乙絲强半丙絲弱半 滿一百四十八斤 乙云得甲絲弱半丙絲强半 滿一百二十八斤 丙云得甲絲强半乙絲弱半 滿一百三十二斤 問甲乙丙各絲幾何

갑 84근

을 68근

병 52근

答曰 甲 八十四斤

乙 六十八斤

丙 五十二斤

해법 그림

3 강반	1 약반	4 갑분모
1 약반	4 을분모	3 강반
4 병분모	3 강반	1 약반
132 실	128 실	148 실

에 따라 산대를 펴고, 왼쪽 열을 오른쪽 열에서 바로 빼면 갑은 +1, 을은 +2, 병은 −3, 실은 +16이 남는다. 다시 왼쪽 열 위의 3을 가운데와 오른쪽 두 열에 고루 곱한다. 왼쪽 열을 빼면, 가운데 열에서 위의 갑은 0, 을은 +11, 병은 +5, 실은 +252이고 오른쪽 열에서 위의 갑은 0, 을은 +5, 병은 -13, 실은 −84이다. 다시 가운데 열의 을 11을 오른쪽 열에 두루 곱하고 가운데 열을 5배 해서, 부호가 같으면 빼고 부호가 다르면 더하여 갑과 을은 모두 0, 병은 168, 실은 2184가 남는다. 위를 법으로 하고 아래를 실로 하여 나누면 13근을 얻는다. 「이것이 1분율이다.」 4를 곱하면 곧 병의 실이다. 13을 가운데 열의 병 5에 곱한다. 이를 가운데 열의 실에서 빼고 남는 것을 11로 나누어 4를 곱하면 을의 실을 얻는다. 다시 13을 왼쪽 열의 병 4에 곱하고 또 왼쪽 열의 실에서 빼고 다시 을의 17근에서 뺀 나머지를 3으로 나누고 4를 곱하면 곧 갑의 실이다. 문제에 맞는다.

術曰 依圖布筭 以左行直減右行 餘甲正一乙正二丙負三

絲正一十六 又以左上三遍乘中右二行 仍以左行減之 中上甲空

乙正十一丙正五絲正二百五十二　　右上甲空乙正五丙負十三絲

負八十四 又以中行乙十一遍乘右行 仍以中行五次同減異加 甲

乙空 餘丙一百六十八絲二千一百八十四 上法下實而一 得一十

三斤「乃一分之率也」四之 卽丙絲 以十三乘中行 丙五 以減中

行絲 餘者十一除之 四因 得乙絲 又十三乘左行 丙四 以減左

行絲 又減乙一十七斤 餘以三約之 四因 卽甲絲 合問

🌸 • 역자 주해 •

갑의 실을 x근, 을의 실을 y근, 병의 실을 z근이라고 하면 다음 관계
가 성립한다.

$$\begin{cases} x + \dfrac{3y}{4} + \dfrac{z}{4} = 148 \\[2mm] \dfrac{x}{4} + y + \dfrac{3z}{4} = 128 \\[2mm] \dfrac{3x}{4} + \dfrac{y}{4} + z = 132 \end{cases}$$

그런데 해법에서 상수항을 제외하고 계수들을 4배 한 다음과 같은 연
립 방정식을 풀고 있다.

$$\begin{cases} 4x + 3y + z = 148 \\ x + 4y + 3z = 128 \\ 3x + y + 4z = 132 \end{cases}$$

이에 따라 최종적으로 구한 값에 4배를 해서 답을 얻었다. 그 과정을 행렬로 나타내면 다음과 같다.

$$\begin{pmatrix} 3 & 1 & 4 \\ 1 & 4 & 3 \\ 4 & 3 & 1 \\ 132 & 128 & 148 \end{pmatrix} \rightarrow \begin{pmatrix} 3 & 1 & 1 \\ 1 & 4 & 2 \\ 4 & 3 & -3 \\ 132 & 128 & 16 \end{pmatrix} \rightarrow \begin{pmatrix} 3 & 3 & 3 \\ 1 & 12 & 6 \\ 4 & 9 & -9 \\ 132 & 384 & 48 \end{pmatrix} \rightarrow \begin{pmatrix} 3 & 0 & 0 \\ 1 & 11 & 5 \\ 4 & 5 & -13 \\ 132 & 252 & -84 \end{pmatrix} \rightarrow$$

$$\begin{pmatrix} 3 & 0 & 0 \\ 1 & 11 & 55 \\ 4 & 5 & -143 \\ 132 & 252 & -924 \end{pmatrix} \rightarrow \begin{pmatrix} 3 & 0 & 0 \\ 1 & 11 & 0 \\ 4 & 5 & -168 \\ 132 & 252 & -2184 \end{pmatrix} \rightarrow \begin{pmatrix} 3 & 0 & 0 \\ 1 & 11 & 0 \\ 4 & 5 & 1 \\ 132 & 252 & 13 \end{pmatrix} \rightarrow$$

$$\begin{pmatrix} 3 & 0 & 0 \\ 1 & 11 & 0 \\ 0 & 0 & 1 \\ 80 & 187 & 13 \end{pmatrix} \rightarrow \begin{pmatrix} 3 & 0 & 0 \\ 1 & 1 & 0 \\ 0 & 0 & 1 \\ 80 & 17 & 13 \end{pmatrix} \rightarrow \begin{pmatrix} 3 & 0 & 0 \\ 0 & 1 & 0 \\ 0 & 0 & 1 \\ 63 & 17 & 13 \end{pmatrix} \rightarrow \begin{pmatrix} 1 & 0 & 0 \\ 0 & 1 & 0 \\ 0 & 0 & 1 \\ 21 & 17 & 13 \end{pmatrix}$$

하-4-6. 지금 있는 홍금[붉은 비단] 4자와 청금[푸른 비단] 5자 및 황금[노란 비단] 6자의 값은 모두 300문이 넘는다. 다만 홍금 4자의 값은 청금 1자만큼 넘고, 청금 5자의 값은 황금 1자만큼 넘고, 노란 비단 6자의 값은 붉은 비단 1자만큼 넘는다. 세 가지 각 한 자의 값은 얼마인가?

今有紅錦四尺 青錦五尺 黃錦六尺價 皆過三百文 只云 紅錦四尺價 過青錦一尺 青錦五尺價過黃錦一尺 黃錦六尺價過紅錦一尺 問三色 各一尺價錢幾何

답   홍금 $93\frac{33}{119}$ 문

청금 $73\frac{13}{119}$ 문

황금 $65\frac{65}{119}$ 문

答曰 紅錦 九十三文 一百一十九分文之三十三
　　　青錦 七十三文 一百一十九分文之一十三
　　　黃錦 六十五文 一百一十九分文之六十五

해법 그림

−1 부	0 공	4 홍
0 공	5 청	−1 부
6 황	−1 부	0 공
3 삼백	3 삼백	3 삼백

에 따라 산대를 펴고, 오른쪽 위의
홍 4[붉은 비단 4재]를 왼쪽 열에 두루 곱한다. 곧 오른쪽 열을 [왼쪽
열에] 부호가 다르면 빼고 부호가 같으면 더한다. 「음수는 상대가 없
으면 음수이다.」 왼쪽 위는 0, 청은 −1, 황은 +24, 돈은 +1500이다.
다시 가운데 열의 5를 왼쪽 열에 두루 곱하고, 역시 가운데 열을
왼쪽 열에서 바로 뺀[1] 나머지는 황금[노란 비단]은 119자, 돈은 7800
문이다. 위를 법으로 아래를 실로 하여 나누면, 황금 한 자의 값을
얻는다. 분모를 곱하고 분자를 더하여 얻은 7800을 왼쪽에 놓아두
자. 다시 119를 가운데 열의 돈에 곱하면 3만 5700을 얻는다. 왼쪽
에 놓아둔 수에 더하면 4만 3500을 얻는다. 이를 5로 나누면 8700
을 얻는다. 이를 분모로 나누면 청금[푸른 비단] 한 자의 값을 얻는
다. 다시 분모를 오른쪽 열의 돈에 곱하고, 또 8700을 더하면 4만
4400을 얻는다. 이를 4로 나누면 1만 1100이다. 이를 분모로 나누
면 홍금 한 자의 값을 얻는다. 문제에 맞는다.

---

1) 실제로는 더하는 것이다.

術曰 依圖布筭

以右上紅四遍乘左行 仍用右行異減同加「負無人負」 左上空青負一黃正二十四錢正一千五百 又以中行五遍乘左行 亦以中行直減之 餘黃錦一百一十九尺錢七千八百文 上法下實而一 得黃錦尺價 通分內子 得七千八百 寄左 又以一百一十九通中行錢 得三萬五千七百 加入寄左 共得四萬三千五百 以五而一 得八千七百 以分母約之 得青錦尺價 又以分母通右行錢 又加入八千七百 共得四萬四千四百 以四而一 得一萬一千一百 以分母約之 得紅錦尺價也 合問

❀ • 역자 주해 •

붉은 비단 1자는 x 문, 푸른 비단 1자는 y 문, 노란 비단 1자는 z 문이라 하면, 다음 관계가 성립한다.

$$\begin{cases} 4x = y + 300 \\ 5y = z + 300 \\ 6z = x + 300 \end{cases}$$

그런데 해법에서는 오른쪽의 변수들을 이항한 다음과 같은 연립 방정식을 풀고 있다.

$$\begin{cases} 4x - y = 300 \\ 5y - z = 300 \\ -x + 6z = 300 \end{cases}$$

그 과정을 행렬로 나타내면 다음과 같다.

$$\begin{pmatrix} -1 & 0 & 4 \\ 0 & 5 & -1 \\ 6 & -1 & 0 \\ 300 & 300 & 300 \end{pmatrix} \rightarrow \begin{pmatrix} -4 & 0 & 4 \\ 0 & 5 & -1 \\ 24 & -1 & 0 \\ 1200 & 300 & 300 \end{pmatrix} \rightarrow \begin{pmatrix} 0 & 0 & 4 \\ -1 & 5 & -1 \\ 24 & -1 & 0 \\ 1500 & 300 & 300 \end{pmatrix} \rightarrow$$

$$\begin{pmatrix} 0 & 0 & 4 \\ -5 & 5 & -1 \\ 120 & -1 & 0 \\ 7500 & 300 & 300 \end{pmatrix} \rightarrow \begin{pmatrix} 0 & 0 & 4 \\ 0 & 5 & -1 \\ 119 & -1 & 0 \\ 7800 & 300 & 300 \end{pmatrix} \rightarrow \begin{pmatrix} 0 & 0 & 4 \\ 0 & 5 & -1 \\ 1 & -1 & 0 \\ \dfrac{7800}{119} & 300 & 300 \end{pmatrix} \rightarrow$$

$$\begin{pmatrix} 0 & 0 & 4 \\ 0 & 5 & -1 \\ 1 & -1 & 0 \\ \dfrac{7800}{119} & -\dfrac{35700}{119} & 300 \end{pmatrix} \rightarrow \begin{pmatrix} 0 & 0 & 4 \\ 0 & 5 & -1 \\ 1 & 0 & 0 \\ \dfrac{7800}{119} & \dfrac{43500}{119} & 300 \end{pmatrix} \rightarrow \begin{pmatrix} 0 & 0 & 4 \\ 0 & 1 & -1 \\ 1 & 0 & 0 \\ \dfrac{7800}{119} & \dfrac{8700}{119} & \dfrac{35700}{119} \end{pmatrix} \rightarrow$$

$$\begin{pmatrix} 0 & 0 & 4 \\ 0 & 1 & 0 \\ 1 & 0 & 0 \\ \dfrac{7800}{119} & \dfrac{8700}{119} & \dfrac{44400}{119} \end{pmatrix} \rightarrow \begin{pmatrix} 0 & 0 & 1 \\ 0 & 1 & 0 \\ 1 & 0 & 0 \\ \dfrac{7800}{119} & \dfrac{8700}{119} & \dfrac{11100}{119} \end{pmatrix}$$

하-4-7. 지금 있는 사람이 능[무늬 비단] 3과 라[얇은 비단] 5를 팔고 견[명주 비단] 12를 사 들이면 돈이 1만 문 남고, 능 4와 견 4를 팔고 라 7을 사 들이면 꼭 알맞으며, 라 2와 견 4를 팔고 능 6을 사 들이면 돈이 1만 문 부족하다. 능, 라, 견 1의 값은 각각 얼마 인가?

今有人賣綾三羅五 以買十二絹 餘錢一萬 賣綾四絹四 以買七羅 適足 賣羅二絹四 以買六綾 少錢一萬 問綾羅絹價各幾何

답　능 2800문
　　　라 2000문

견 700문

答曰 綾 二千八百文

羅 二千文

絹 七百文

해법 그림

-6 능	4 능	3 능
2 라	-7 라	5 라
4 견	4 견	-12 견
-1만 남는 돈	0	1만 남는 돈

에 따라 산대를 펴고, 오른쪽 열을 가운데 열에서 바로 뺀다.「부호가 같으면 빼고 다르면 더한다. 정부술에 의한 것이다.」또 3을 곱한다. 다시 오른쪽 열을 빼면 능은 0, 라는 -41, 견은 + 60, 돈은 -4만이다. 다시 오른쪽 열을 왼쪽 열에서 두 번 바로 빼면2) 능은 0이다. 다시 가운데 열의 라 41을 왼쪽 열에 두로 곱하고 가운데 열을 12번 빼면 능과 라는 0, 견은 100, 돈은 7만이다. 위를 법으로 아래를 실로 하여 나누면 견의 값을 얻는다. 이 값을 가운데 열의 견 60에 곱하고 4만을 더하면 모두 8만 2000을 얻는다. 이를 41로 나누어 라의 값을 얻는다. 견의 값을 오른쪽 열의 견 12에 곱하여 얻은 수에 1만을 더하면 모두 1만 8400을 얻는다. 여기서 라의 값의 5배인 1만을 뺀 나머지를 3으로 나누면 능의 값을 얻는다. 문제에 맞는다.

術曰 依圖布筭 以右行直減中行「同減異加 依正負術入之」却三之 又以右行減之 綾空餘羅負四十一絹正六十錢負四萬 又以右行二度直減左行 綾空 又以中行羅四十一遍乘左行 仍以中行十二度減之 綾羅空餘絹一百錢七萬 上法下實而一 得絹價 以

---

2) 실제로는 두 번 더하는 것이다.

乘中行絹六十 得數 加入四萬 共得八萬二千 以四十一除之 得
羅價 以絹價乘右行絹十二 得數 加入一萬 共得一萬八千四百
內減五羅價一萬 餘以三約之 得綾價 合問

❋ • 역자 주해 •

무늬 비단(능) 1의 값을 x 문, 얇은 비단(라) 1의 값을 y 문, 명주 비단(견)
1의 값을 z 문이라고 하면 다음 관계가 성립한다.

$$\begin{cases} 3x + 5y = 12z + 10000 \\ 4x + 4z = 7y \\ 2y + 4z = 6x - 10000 \end{cases} \quad , \quad 즉 \quad \begin{cases} 3x + 5y - 12z = 10000 \\ 4x - 7y + 4z = 0 \\ -6x + 2y + 4z = -10000 \end{cases}$$

해법에서는 이런 관계를 얻은 뒤에 각 방정식의 계수와 상수항을 열
로 나열하고 기본 행 연산과 같은 방법을 이용해서 해를 구했다. 그 과
정을 행렬로 나타내면 다음과 같다.

$$\begin{pmatrix} -6 & 4 & 3 \\ 2 & -7 & 5 \\ 4 & 4 & -12 \\ -10000 & 0 & 10000 \end{pmatrix} \rightarrow \begin{pmatrix} -6 & 1 & 3 \\ 2 & -12 & 5 \\ 4 & 16 & -12 \\ -10000 & -10000 & 10000 \end{pmatrix} \rightarrow \begin{pmatrix} -6 & 3 & 3 \\ 2 & -36 & 5 \\ 4 & 48 & -12 \\ -10000 & -30000 & 10000 \end{pmatrix}$$

$$\rightarrow \begin{pmatrix} -6 & 0 & 3 \\ 2 & -41 & 5 \\ 4 & 60 & -12 \\ -10000 & -40000 & 10000 \end{pmatrix} \rightarrow \begin{pmatrix} 0 & 0 & 3 \\ 12 & 41 & 5 \\ -20 & -60 & -12 \\ 10000 & 40000 & 10000 \end{pmatrix} \rightarrow \begin{pmatrix} 0 & 0 & 3 \\ 492 & 41 & 5 \\ -820 & -60 & -12 \\ 410000 & 40000 & 10000 \end{pmatrix}$$

$$\rightarrow \begin{pmatrix} 0 & 0 & 3 \\ 0 & 41 & 5 \\ -100 & -60 & -12 \\ -70000 & 40000 & 10000 \end{pmatrix} \rightarrow \begin{pmatrix} 0 & 0 & 3 \\ 0 & 41 & 5 \\ 1 & -60 & -12 \\ 700 & 40000 & 10000 \end{pmatrix} \rightarrow \begin{pmatrix} 0 & 0 & 3 \\ 0 & 41 & 5 \\ 1 & 0 & -12 \\ 700 & 82000 & 10000 \end{pmatrix} \rightarrow$$

$$\begin{pmatrix} 0 & 0 & 3 \\ 0 & 1 & 5 \\ 1 & 0 & -12 \\ 700 & 2000 & 10000 \end{pmatrix} \rightarrow \begin{pmatrix} 0 & 0 & 3 \\ 0 & 1 & 5 \\ 1 & 0 & 0 \\ 700 & 2000 & 18400 \end{pmatrix} \rightarrow \begin{pmatrix} 0 & 0 & 3 \\ 0 & 1 & 0 \\ 1 & 0 & 0 \\ 700 & 2000 & 8400 \end{pmatrix} \rightarrow \begin{pmatrix} 0 & 0 & 1 \\ 0 & 1 & 0 \\ 1 & 0 & 0 \\ 700 & 2000 & 2800 \end{pmatrix}$$

다음 두 문제는 직각 삼각형을 다루고 있
다. 동아시아의 전통 산학에서는 직각 삼각형
을 '구고(句股)'라고 하는데, '구(句)'는 직각 삼
각형에서 직각을 낀 짧은 변, '고(股)'는 긴 변
을 뜻한다. 한편, '현(弦)'은 빗변을 뜻한다. 구,
고, 현은 각각 그 길이까지 뜻하기도 한다.

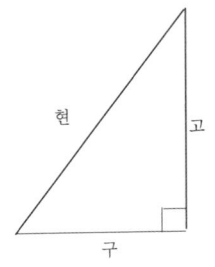

'구고화(句股和)'는 구와 고의 길이의 합, '구현화(句弦和)'는 구와 현의
길이의 합, '고현화(股弦和)'는 고와 현의 길이의 합, '현화화(弦和和)'는 구,
고, 현의 길이의 합을 나타낸다.

하-4-8. 지금 직사각형의 밭이 있는데, 구현화의 $\frac{1}{2}$과 고현화의 $\frac{2}{9}$
를 더하면 54보다. 또 구현화의 $\frac{1}{6}$을 고현화의 $\frac{2}{3}$에서 뺀 나머지
는 42보다. 구, 고, 현은 각각 얼마인가?

今有直田 句弦和取二分之一 股弦和取九分之二 共得五十四步 又句
弦和取六分之一 減股弦和三分之二 餘有四十二步 問句股弦各幾何

답 구 27보

고 36보

현 45보

答曰 勾 二十七步

股 三十六步

弦 四十五步

해법 앞에 있는 분모 18을 전체 보에 곱하면 972를 얻는다. 「이는 구현화의 9배와 고현화의 4배다.」 또, 뒤의 분모3)를 남은 수에 곱하면 756을 얻는다. 「이는 구현화의 3배를 고현화의 12배에서 뺀 수다.」 이에 방정정부술로 푼다.

9	구현화	−3
4	고현화	12
972	보수	756

그림 에 따라 산대를 펴고, 오른쪽 열을 왼쪽 열에 세 번 부호가 다르면 빼고 같으면 더한다. 왼쪽 열의 가운데는 고현화의 40배를 얻고 왼쪽 열 아래는 3240보를 얻는다. 위를 법으로 아래를 실로 하여 나누면 고현화 81보를 얻는다. 나아가 이를 12배 하여 얻은 수를 오른쪽 아래의 756에서 뺀 나머지 216을 3으로 나누면 구현화 72보를 얻는다. 고현화를 구현화에 곱하고 2배 해서 얻은 1만 1664를 실이라고 하자. 「곧 현화화의 제곱이다.」 1을 염으로 한 평방[이차 방정식]을 풀면 108보를 얻는다. 「곧 현화다.」 이를 위와 아래에 놓고, 위에서 고현화를 빼면 곧 구고 아래에서 구현화를 빼면 곧 고이다. 또 구현화에서 구를 뺀 나머지는 곧 현이다. 문제에 맞는다.

術曰 前分母十八乘共步 得九百七十二 「乃是九箇勾弦和四箇股弦和」 又後分母乘餘數 得七百五十六 「是三勾弦和減十二股弦和數」 如方程正負入之

依圖布筭 以右行三次異減同加左行 左中得股弦和四十箇 左下得三千二百四十步 上法下實而一 得股弦和八十一步 就以十二乘之 得數 以減右下七百五十六 餘二百一十六 以三約之 得勾弦和七十二步也 以股弦和乘而倍之 得一萬一千

---

3) 역시 18이다.

六百六十四 爲實「乃弦和和冪也」以一爲廉平方開之 得一百八
步「卽弦和和」副置 上位減股弦和 卽勾 下位減勾弦和 卽股 又
勾弦和內減勾 餘卽弦 合問

여기서는 직각 삼각형과 관련된 문제를 다루고 있다. 다음과 같은 경우에 구, 고, 현의 길이를 구하려고 한다.

$$\begin{cases} \dfrac{1}{2}(구 + 현) + \dfrac{2}{9}(고 + 현) = 54 \\ -\dfrac{1}{6}(구 + 현) + \dfrac{2}{3}(고 + 현) = 42 \end{cases}$$

해법에서는 다음과 같이 먼저 각 방정식의 계수를 분모끼리의 곱인 18을 곱해서 정수로 바꾸었다.

$$\begin{cases} 9(구 + 현) + 4(고 + 현) = 972 \\ -3(구 + 현) + 12(고 + 현) = 756 \end{cases}$$

그리고 방정정부술에 따라 다음과 같이 (구+현)과 (고+현)의 값을 구했다.

$$\begin{pmatrix} 9 & -3 \\ 4 & 12 \\ 972 & 756 \end{pmatrix} \rightarrow \begin{pmatrix} 0 & -3 \\ 40 & 12 \\ 3240 & 756 \end{pmatrix} \rightarrow \begin{pmatrix} 0 & -3 \\ 1 & 12 \\ 81 & 756 \end{pmatrix} \rightarrow \begin{pmatrix} 0 & -3 \\ 1 & 0 \\ 81 & 216 \end{pmatrix} \rightarrow \begin{pmatrix} 0 & 1 \\ 1 & 0 \\ 81 & 72 \end{pmatrix}$$

이제, 2(구+현)(고+현) = 11664를 얻고, 직각 삼각형에서 성립하는 관계 '2(구+현)(고+현) = (구+고+현)²'을 이용해서 (구+고+현)의 값 108보를 얻었다. 여기서 (구+고+현)^{2}의 제곱근 (구+고+현)을 얻을 때는 평방(이차 방정식) $x^2 = 11664$를 풀었다. 이에 대해서는 「개방석쇄문」에 자세히 알아본다. 그리고 다음과 같이 구, 고, 현의 값을 얻었다.

구 = (구+고+현) − (고+현) = 108 − 81 = 27(보),

고 = (구+고+현) − (구+현) = 108 − 72 = 36(보),

현 = (구+현) − 구 = 72 − 27 = 45(보)

❀ • 역자 주해 2 •

왕감은 주석에서 위의 각 계산 과정을 좀더 자세하게 설명한 뒤에, 직각 삼각형에서 성립하는 관계 '2(구+현)(고+현) = (구+고+현)^2'을 도형을 이용해서 다음과 같이 밝히고 있다.

현화화는 현과 구고화를 서로 더한 것이다.

현화화의 제곱을 살펴보면, 그 안에 구의 제곱 한 개, 고의 제곱 한 개, 현의 재곱 한 개, 구와 고를 서로 곱한 것 두 개, 구와 현을 서로 곱한 것 두 개, 고와 현을 서로 곱한 것 두 개가 있다.

그런데 구현화와 고현화를 서로 곱하면, 현의 제곱 한 개, 구와 고를 서로 곱한 것 한 개, 구와 현을 서로 곱한 것 한 개, 고와 현을 서로 곱한 것 한 개가 있다. 이것을 두 배하면 현의 제곱 두 개, 구와 고를 서로 곱한 것 두 개, 구와 현을 서로 곱한 것 두 개, 고와 현을 서로 곱한 것 두 개가 된다. 그 현의 제곱 두 개는 바로 현의 제곱 한 개와 구의 제곱 한 개 및 고의 제곱 한 개다.

따라서 현화화의 제곱은 구현화와 고현화를 곱해서 두 배 한 수와 같다.

弦和和者 弦與句股和 相併也

案弦和和冪 內有一段句冪 一段股冪 一段弦冪

兩段句股相乘積 兩段句弦相乘積 兩段股弦相乘積

而句弦和乘股弦和數 有一段弦冪 一段句股相乘積 一段句弦相乘積

一段股弦相乘積

倍之 爲兩段弦冪 兩段句股相乘積 兩段句弦相乘積 兩段股弦相乘積

其兩段弦冪 卽係一段弦冪 一段句冪 一段股冪

故弦和和冪 與句弦和乘股弦和之倍數 等

왕감의 주석은 다음과 같이 나타
낼 수 있다.

오른쪽 위의 그림에서 다음을 얻
는다.

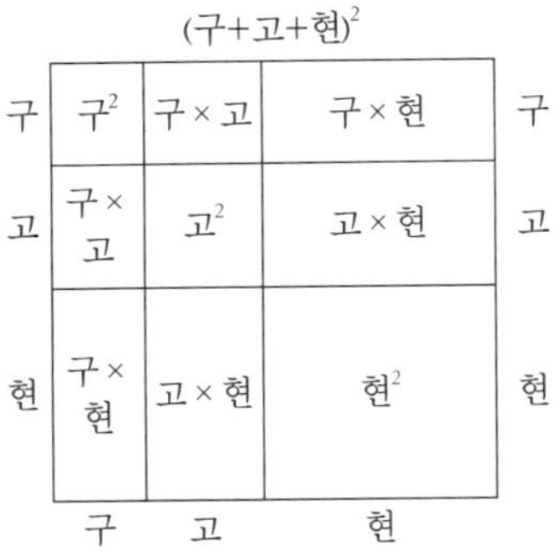

$$(구+고+현)^2 = 구2+고2+현^2$$
$$+2 \times 구 \times 고$$
$$+2 \times 구 \times 현$$
$$+2 \times 고 \times 현 \cdots\cdots ①$$

그리고 '$현^2 = 구^2+고^2$'이므로 오른쪽
아래 그림에서 다음을 얻는다.

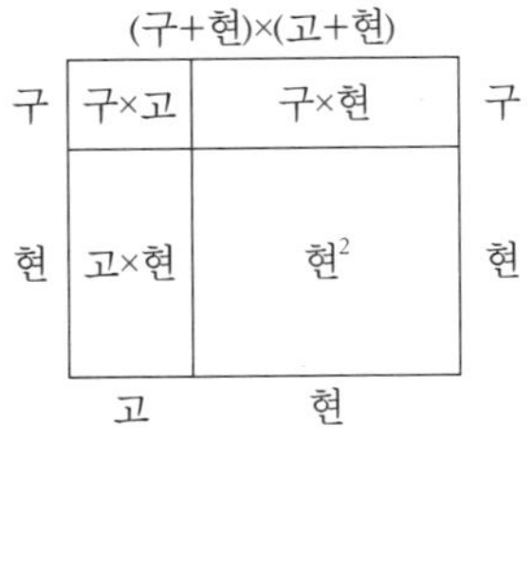

$$2 \times (구+현) \times (고+현)$$
$$= 2 \times (구 \times 고+구 \times 현+고 \times 현+현^2)$$
$$= 2 \times 구 \times 고+2 \times 구 \times 현+2 \times 고 \times 현$$
$$+2 \times 현^2$$
$$= 2 \times 구 \times 고+2 \times 구 \times 현+2 \times 고 \times 현$$
$$+현^2+구^2+고^2 \cdots\cdots ②$$

따라서 ① = ②이므로 원하는 결과를 얻는다.

하-4-9. 지금 직사각형의 밭이 있는데, 구현화의 $\frac{4}{7}$와 고현화의 $\frac{6}{7}$
의 두 수를 서로 뺀 나머지는 22보다. 또 고현화의 $\frac{1}{3}$은 구현화
의 $\frac{5}{8}$보다 14보만큼 작다. 구, 고, 현은 각각 얼마인가?

今有直田 勾弦和取七分之四 股弦和取七分之六 二數相減餘二十二
步 又股弦和取三分之一 不及勾弦和八分之五 一十四步 問勾股弦
各幾何

답 구 21보
고 28보
현 35보

答曰 勾 二十一步
股 二十八步
弦 三十五步

해법 앞의 분모 49를 나머지 수에 곱하면 1078을 얻는다. 「이것은 고현
화의 42배에서 구현화의 28배를 뺀 나머지 수다.」 또, 뒤의 분모 24를 부
족한 보수에 곱하면 336을 얻는다. 「이것은 고현화의 8배를 구현화의
15배에서 뺀 나머지 수다.」 방정정부술로 푼다.

−28 구현화		15
42 고현화		−8
1078 보수		336

그림 에 따라 산대를 펴고, 오른쪽 열 위를 왼
쪽 열에 두루 곱한다. 오른쪽 열을 왼쪽 열에 부호가 다르면 빼

고 같으면 더하면, 왼쪽 열의 가운데는 나머지 406이고 왼쪽 열의 아래는 2만 5578이다. 위를 법으로 아래를 실로 하여 나누면 63보를 얻는다. 「이는 고현화다.」 이것을 8배하고 오른쪽 아래에 더해서 얻은 수를 15로 나누면 56보를 얻는다. 「곧 구현화다.」

천원 하나 $\begin{bmatrix} 0 \\ 1 \end{bmatrix}$ 을 세우고 현이라고 하자. 이를 고현화에서 뺀 나머지는 고 $\begin{bmatrix} 63 \\ -1 \end{bmatrix}$ 이다. 이를 구현화에서 뺀 나머지는 구 $\begin{bmatrix} 56 \\ -1 \end{bmatrix}$ 이다. 이를 제곱하면 구의 제곱 $\begin{bmatrix} 3136 \\ -112 \\ 1 \end{bmatrix}$ 이다. 또, 고를 놓고 제곱하면 고의 제곱 $\begin{bmatrix} 3969 \\ -126 \\ 1 \end{bmatrix}$ 이다. 구의 제곱에 더하고 현의 제곱과 서로 소거하면 개방식 $\begin{bmatrix} 7105 \\ -238 \\ 1 \end{bmatrix}$ 을 얻는다. 이 평방을 풀면 현을 얻는다. 고현화에서 빼면 곧 고, 구현화에서 빼면 곧 구다. 문제에 맞는다.

術曰 以前分母四十九乘餘數 得一千七十八 「乃是四十二箇股弦和內減二十八箇勾弦和餘數」 又以後分母二十四乘不及步 得三百三十六 「乃是八箇股弦和 減一十五箇勾弦和餘數也」 如方程正負術入之

依圖布算 以右上遍乘左行 仍以右行異減同加左行 左中餘四百六 左下二萬五千五百七十八 上法下實而一 得六十三步 「乃股弦和」 八之 加入右下 得數 以十五約之 得五十六步 「卽勾弦和」 立天元一爲弦 以減股弦和 餘爲股 以減勾弦和 餘爲勾 自之 爲勾冪 又列股自乘 爲股冪 幷入勾

冪與弦冪 相消 得開方式  平方開之 得弦 減股弦和 卽股 減

勾弦和 卽勾 合問

여기서도 직각 삼각형과 관련된 문제를 다루고 있다. 다음과 같은 경우에 구, 고, 현의 길이를 구하려고 한다.

$$\begin{cases} -\dfrac{4}{7}(구+현)+\dfrac{6}{7}(고+현)=22 \\ \dfrac{5}{8}(구+현)-\dfrac{1}{3}(고+현)=14 \end{cases}$$

해법에서는 다음과 같이 먼저 각 방정식의 계수를 분모끼리의 곱인 18을 곱해서 정수로 바꾸었다.

$$\begin{cases} -28(구+현)+42(고+현)=1078 \\ 15(구+현)-8(고+현)=336 \end{cases}$$

그리고 방정정부술에 따라 다음과 같이 (구+현)과 (고+현)의 값을 구했다.

$$\begin{pmatrix} -28 & 15 \\ 42 & -8 \\ 1078 & 336 \end{pmatrix} \rightarrow \begin{pmatrix} -420 & 15 \\ 630 & -8 \\ 16170 & 336 \end{pmatrix} \rightarrow \begin{pmatrix} 0 & 15 \\ 406 & -8 \\ 16170 & 336 \end{pmatrix} \rightarrow$$

$$\begin{pmatrix} 0 & 15 \\ 1 & -8 \\ 63 & 336 \end{pmatrix} \rightarrow \begin{pmatrix} 0 & 15 \\ 1 & 0 \\ 63 & 840 \end{pmatrix} \rightarrow \begin{pmatrix} 0 & 1 \\ 1 & 0 \\ 63 & 56 \end{pmatrix}$$

왕감은 위의 각 계산 과정을 좀더 자세하게 설명하고 있다. 그리고 앞 문제 ≪하-4-8≫과 같이 관계 '2(구+현)(고+현) = (구+고+현)²'을 이용해서 구, 고, 현의 값을 구할 수 있다고 지적했다.

그러나 주세걸의 해법에서는 천원술을 이용해서 현을 천원1로 놓고 현에 관한 평방(이차 방정식)을 얻었고, 이를 풀어 현, 구, 고의 값을 구했다. 편의상 천원1을 x로 나타내면, 그 과정은 다음과 같다.

현을 x라 하면 고현화에서 현을 뺀 $-x+63$은 고이고, 구현화에서 현을 뺀 $-x+56$은 구이다. 각각을 제곱하면 다음과 같다.

$$구^2 = x^2 - 112x + 3136, \quad 고^2 = x^2 - 126x + 3969$$

여기서 '구² + 고² = 현² = x^2'이므로, 다음과 같이 x(현)에 관한 평방(이차 방정식)을 얻는다.

$$구^2 + 고^2 = (x^2 - 112x + 3136) + (x^2 - 126x + 3969) = x^2$$
$$2x^2 - 238x + 7105 = x^2,$$
$$x^2 - 238x + 7105 = 0$$

천원술은 「개방석쇄문」에서 자세하게 다룬다.

5

개방석쇄문 서른네 문제

開方釋鎖門 三十四問

『구장산술』제4권 「소광」에서는 넓이가 주어진 정사각형의 한 변의 길이를 구하는 개방술(開方術)과 부피가 주어진 정육면체의 한 모서리의 길이를 구하는 개립방술(開 立方術)로 설명하고 있다. 이는 양수 a에 대하여 이차 방정식 $x2 = a$와 삼차 방정식 $x3 = a$의 근을 구하는 것과 각각 같다. 이와 같이 제곱근 풀이와 세제곱근 풀이를 특 수한 이차 방정식과 삼차 방정식의 풀이로 간주했다. 그런데 이런 풀이 과정에는 일반 적인 이차 방정식과 삼차 방정식의 풀이 방법이 함의되어 있다. 이런 풀이 방법은 송·원에 이르러 모든 다항 방정식의 (근사)해를 구하는 '증승개방법(增乘開方法)'으로 발전 했다.

평방(平方)은 이차 방정식을 뜻하는데, 개평방(開平方)은 제곱근 풀이와 일반적인 이차 방정식의 풀이를 모두 의미한다. 마찬가지로 입방(立方)은 삼차 방정식을 뜻하는 데, 개립방(開立方)은 세제곱근 풀이와 일반적인 삼차 방정식의 풀이를 모두 뜻한다. 그리고 삼승방(三乘方), 사승방(四乘方), 오승방(五乘方)은 차례로 사차 방정식, 오차 방정식, 육차 방정식을 뜻하고, 승방(乘方)은 다항 방정식을 뜻한다. 그러므로 개방술 은 일반적으로 승방, 즉 다항 방정식의 풀이를 뜻한다. 오른쪽은 일본의 한 산학 책에 있는 그림으로, 오승방을 구하기 위한 산반도이다.

이 「개방석쇄문」에서 첫째 문제에서는 일차항이 없는 평방, 둘째 문제에서는 일 · 이차항이 없는 입방을 증승개방법으로 풀고 있다. 즉, 제곱근과 세제곱을 구하는 방법을 자세하게 설명하고 있다. 다른 일반적인 경우는 구체적으로 설명하고 있지 않지만, 이런 방법을 그대로 활용하면 일반적인 평방과 입방은 물론 삼승방과 사승방 등 모든 승방을 풀 수 있다.

셋째 문제부터 일곱째 문제까지의 다섯 문제에서는 대분수를 가분수로 고치고 분모와 분자의 제곱근 또는 세제곱근 또는 네제곱근을 구한 다음에 답을 구하고 있다.

여덟째 문제부터는 천원술을 이용해서 문제 해결에 필요한 승방을 구하고 있다. 승방을 구한 것으로 만족하고 있으며, 승방의 풀이 과정은 제시하지 않고 있다.

여기의 산대 그림은 왕감의 『산학계몽술의』에서 복사했다. 아래는 왕감의 『산학계몽술의』 「개방석쇄문」의 첫 부분에 있는 주석이다.

 ● 역자 주해 1 ●

개방술(開方術)에 대한 『구장산술』의 설명은 다음과 같다.[1]

주어진 넓이를 실이라 놓고, 산대를 하나 빌려서 실의 일의 자리 수 아래에 둔다. 매 걸음마다 한 자리씩 건너뛰어 위로 올린다. 몫(議)의 첫째 자리 수를 추정한다. 추정한 수와 빌린 산대의 수를 곱하여 이를 법으로 정한다. 그리고 [추정한 수와 법의 곱을 실에서 빼는] 뺄셈을 하고 법의 두 배를 고정된 법[정법]으로 한다. 두 번째 뺄셈을 준비한다. 법을 한 자리 아래로 물리고 빌린 산대는 전과 같이 정한다. 몫의 둘째 자리 수를 추정한다. 그 수와 빌린 산대의 수의 곱을 법에 더한다. [이를 추정한 수와 곱하여] 두 번째 뺄셈을 하고, 법에

---

1) 경선징 저, 유인영 · 허민 역(2006), 『묵사집산법 인』, 교우사, 154~157면.

한번 더 위의 곱한 수를 더한다. 같은 방법을 계속한다.

　　置積爲實 借一算 步之 超一等 議所得 以一乘所借一算爲法 而以除 除已
倍法爲定法 其復除 折法而下 復置借算 步之如初 以復議一乘之 所得副 以
加定法 以除 以所得副從定法 復除折下如前

위의 과정을 『구장산술』 제4권 「소광」의 제12문인 55225의 제곱근 풀
이에 적용한 산대 계산 과정은 다음과 같다.

議			200	200	200	200	①200	
實	55225 →	55225 →	55225 →	55225 →	15225 →	15225 →	15225	→
法			20000	20000	20000	40000	4000	
借	1	10000	10000	10000	10000	10000	100	

議	230	230	230	②230	230	235	235	235
實	15225 →	15225 →	2325 →	2325	→ 2325 →	2325 →	2325 →	0
法	4000	4300	4300	4600	460	460	465	465
借	100	100	100	100	1	1	1	1

위의 풀이 과정을 현재 사용하고 있는 대수적인 방법으로 다음과 같
이 설명할 수 있다. 55225의 제곱근은 이차 방정식 $x^2 = 55225$의 해 $x = 100a+10b+c+d$를 구하는 것과 같다. 여기서 a, b, c는 0과 9 사이의 정수
이고 $0 \le d < 1$이다. 그리고 다음과 같은 미지수 (x, y, z 및) x_1, y_1, z_1을 생
각한다.

$$x = 100a+10b+c+d = 100x_1$$
$$= 100(a+y) = 100a+100y = 100a+10y_1$$
$$= 100a+10(b+z) = 100a+10b+10z = 100a+10b+z_1$$

즉, x_1, y_1, z_1의 값의 정수 부분은 차례로 a, b, c 이다.

먼저 다음 이차 방정식에서 x_1의 값을 추정한다.

$$x^2 = 55225 = 10000x_1^{\,2}$$

그러면 $2 < x_1 < 3$ 이므로, $a = 2$ 이고 다음을 얻는다.

$$55225 = 10000x_1^{\,2} = 10000(2+y)^2 = 40000+40000y+10000y^2,$$
$$15225 = 40000y+10000y^2 = 4000y_1+100y_1^{\,2},$$
$$15225 = 4000y_1+100y_1^{\,2}$$

위에서 $3 < y_1 < 4$ 이므로, $b = 3$ 이고 다음을 얻는다.

$$15225 = 4000y_1+100y_1^{\,2} = 4000(3+z)+100(3+z)^2 = 12900+4600z+100z^2,$$
$$2325 = 4600z+100z^2 = 460z_1+z_1^{\,2},$$
$$2325 = 460z_1+z_1^{\,2}$$

여기서 $z_1 = 5$ 를 얻어 $c = 5$ 와 $d = 0$ 을 얻는다.

위에서 이를테면 상자 ①에서 ②로의 변환은 이차 방정식 $100y_1^{\,2}+4000y_1 = 15225$ [일반적으로 $Jy_1^{\,2}+Fy_1 = S$] 에서 치환 $y_1 = 3+z$ [일반적으로 $y_1 = b+z$] 에 의해 다음과 같이 이차 방정식 $100z^2+4600z = 2325$ [일반적으로 $Jz^2+(F+2Jb)z = S-Fb-Jb^2$] 로의 변환에 해당한다.

$$Jy_1^{\,2}+Fy_1 = S \Rightarrow J(b+z)^2+F(b+z) = S \Rightarrow Jz^2+(F+2Jb)z = S-Fb-Jb^2$$

이런 관찰과 함께, 위의 대수적 계산 과정에서 나타나는 방정식의 계수와 『구장산술』에서 제시한 산대를 이용한 계산 과정에서 나타나는 수 사이의 대응 관계를 살펴볼 수 있다.

유휘는 『구장산술』의 주에서 위의 계산 과정을 기하학적으로 설명했다. 그것은 주어진 정사각형으로부터 작은 정사각형과 꺾쇠 모양의 도형을 잘라내는 과정과 같다. 오른쪽 그림은 그와 같은 과정을 보여준다. 이는 『영락대전』에 있는 것으로, 71824의 제곱근 풀이이다.

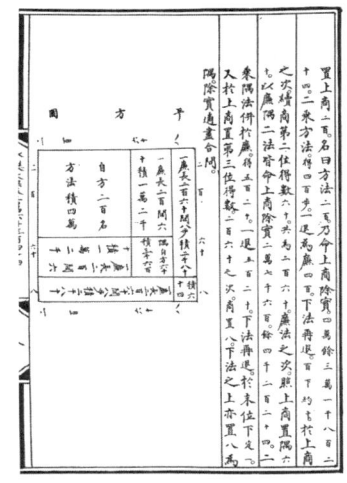

위의 상자 ①은 이차 방정식 $100y_1^2 + 4000y_1 = 15225$를 나타내므로, 그 뒤의 과정은 이의 풀이에 해당한다. 즉, 위의 제곱근 풀이에는 일반적인 이차 방정식의 풀이가 함의되어 있다. 이에 따라 『구장산술』에서 제시한 이런 계산 과정은 그 뒤 일반적인 이차 및 고차 방정식의 (근사)해를 구하는 증승개방법(增乘開方法)으로 발전됐다. 특히, 주세걸은 방정식의 풀이를 완전히 대수적 방법으로 해결했으며, 기하학적 속박에서 벗어나게 했다.[2]

주세걸은 『구장산술』의 용어 의, 법, 차를 차례로 상, 방법, 염법으로 바꾸어 불렀는데, 그의 증승개방법에 따른 산대 계산 과정은 『구장산술』과 일치한다. 이 방법은 현재 조립제법으로 해를 구하는 과정과 같은데, 위의 문제를 조립제법의 형식과 이에 대응하는 대수적인 과정을 함께 나타내면 다음과 같다.

---

2) 孔國平(2000), 『李冶朱世杰与金元數學』, 河北科學技術出版社, 352~355면.

$$x^2 - 55225$$

$$
\begin{array}{rrr}
10000 & 0 & -55225
\end{array}
\qquad = 10000x_1{}^2 - 55225
$$

$$
2\ )\qquad\quad 20000 \quad\ 40000
$$

$$
\begin{array}{rrr}
10000 & 20000 & -15225
\end{array}
\qquad = (x_1-2)(10000x_1+20000) - 15225
$$

$$
\qquad\qquad\qquad 20000 \qquad\qquad = (x_1-2)\{10000(x_1-2)+40000\} - 15225
$$

$$
\begin{array}{rr}
10000 & 40000
\end{array}
\qquad\qquad = 10000(x_1-2)^2 + 40000(x_1-2) - 15225
$$

$$
\qquad\qquad\qquad\qquad\qquad = 10000y^2 + 40000y - 15225 \qquad \hookleftarrow [x_1-2=y]
$$

$$
\begin{array}{rrr}
100 & 4000 & -15225
\end{array}
\qquad = 100y_1{}^2 + 4000y_1 - 15225 \qquad \hookleftarrow [10y=y_1]
$$

$$
3\ )\qquad\qquad 300 \qquad 12900
$$

$$
\begin{array}{rrr}
100 & 4300 & -2325
\end{array}
\qquad = (y_1-3)(100y_1+4300) - 2325
$$

$$
\qquad\qquad\quad 300 \qquad\qquad = (y_1-3)\{100(y_1-3)+4600\} - 2325
$$

$$
\begin{array}{rr}
100 & 4600
\end{array}
\qquad\qquad = 100(y_1-3)^2 + 4600(y_1-3) - 2325
$$

$$
\qquad\qquad\qquad\qquad\qquad = 100z^2 + 4600z - 2325 \qquad \hookleftarrow [y_1-3=z]
$$

$$
\begin{array}{rrr}
1 & 460 & -2325
\end{array}
\qquad = z_1{}^2 + 460z_1 - 2325 \qquad \hookleftarrow [10z=z_1]
$$

$$
5\ )\qquad\qquad 5 \qquad 2325
$$

$$
\begin{array}{rrr}
1 & 465 & 0
\end{array}
\qquad = (z_1-5)(z_1+465)
$$

따라서 다음이 성립한다.

$$
x^2 - 55225 = 0 \iff (z_1-5)(z_1+465) = 0 \iff z_1 = 5 \iff z = 0.5
$$
$$
\iff y_1 = 3.5 \iff y = 0.35 \iff x_1 = 2.35 \iff x = 235
$$

위의 풀이 과정에서 x_1, y_1, z_1을 도입하지 않고 다음과 같이 계산할 수
도 있다.

$$
\begin{array}{rrr}
1 & 0 & -55225 \\
\end{array}
$$

1	0	−55225	$x^2-55225$

200)   200   40000

          1 200   −15225 $= (x-200)(x+200)-15225$

                200            $= (x-200)\{(x-200)+400\}-15225$

          1 400 $= (x-200)^2+400(x-200)-15225$

                                ↵ $[x-200=\mathrm{p}]$

          1 400   −15225 $= p^2+400p-15225$

30)   30   12900

          1 430   −2325 $= (p-30)(p+430)-2325$

                30             $= (p-30)\{(p-30)+460\}-2325$

          1 460 $= (p-30)^2+460(p-30)-2325$

                                ↵ $[p-30=q]$

          1 460   −2325 $= q^2+460q-2325$

5)   5   2325

          1 465   0 $= (q-5)(q+465)$

따라서 다음이 성립한다.

$$
x^2-55225=0 \Leftrightarrow (q-5)(q+465)=0 \Leftrightarrow q=5
$$
$$
\Leftrightarrow p=35
$$
$$
\Leftrightarrow x=235
$$

• 역자 주해 2 •

『구장산술』에서 개입방술(開立方術)의 설명은 다음과 같다.

주어진 부피를 실이라 놓고, 산대를 하나 빌려서 실의 일의 자리 수 밑에 둔다. 매 걸음마다 두 자리씩 건너뛰어 위로 올린다. 몫의 첫째 자리의 수를 추정한다. 추정된 수의 제곱과 빌린 산대의 수를 곱하여 법이라 한다. 그리고 [추정된 수와 법의 곱을 실에서 빼는] 뺄셈을 하고, 법의 세 배를 정법으로 한다. 두 번째 뺄셈을 준비한다. 법을 한 자리 아래로 물린다. 구한 수[＝법]의 3배를 중행에 놓고, 또 다른 산대를 하나 빌려서 하행에 놓는다. 이것들을 옮기는데, 중행은 한 자리 건너뛰고 하행은 두 자리 건너뛰어 아래로 물린다. 다시 몫의 둘째 자리의 수를 추정한다. 이 수와 중행을 곱하고 하행에는 두 번 곱하여 얻은 모든 수를 더하여 정법에 더해준다. [추정한 둘째 자리의 수와 이 법의 곱을 실에서 빼는] 두 번째 뺄셈을 한다. 하행을 두 배하여 이를 중행에 더하고, 그 합을 정법에 더한다. 이 방법을 반복한다.

置積爲實 借一算 步之 超二等 議所得 以再乘所借一算爲法 而以除 除已 三之爲定法 復除 折而下 以三乘所得數 置中行 復借一算 置下行 步之 中初一 下超二位 復置議 以一乘中 再乘下 皆副以加定法 以定除 除已 倍下 幷中從定法 復除 折下如前

위의 과정을 [중간 단계를 좀 더 보완해서] 『구장산술』 제4권 「소광」의 제19문인 1860867의 세제곱근 풀이에 적용한 산대 계산 과정은 다음과 같다.

議			100	100	100
實	1860867	1860867	1860867	1860867	860867
法		→	→	→ 1000000	→ 1000000 →
中					
下					
借	1	1000000	1000000	1000000	1000000
議	100	100	100	100	100
實	860867	860867	860867	860867	860867

法	3000000 →	300000 →	300000 →	300000 →	300000 →
中			3000000	3000000	30000
下				1000000	1000
借	1000000	1000000	1000000	1000000	1000

議	①120	120	120	120	120
實	860867	860867	860867	132867	132867
法	300000 →	300000 →	364000 →	364000 →	364000 →
中	30000	60000	60000	60000	60000
下	1000	4000	4000	4000	8000
借	1000	1000	1000	1000	1000

議	120	②120	120	123
實	132867	132867	132867	132867
法	364000 →	432000 →	43200 →	44289
中	68000	36000	360	1080
下	8000	1000	1	9
借	1000	1000	1	1

위의 풀이 과정을 현재 사용하고 있는 대수적인 방법으로 다음과 같이 설명할 수 있다. 1860867 의 세제곱근은 삼차 방정식 $x^3 = 1860867$ 의 해 $x = 100a + 10b + c + d$ 를 구하는 것과 같다. 여기서 a, b, c 는 0과 9 사이의 정수이고 $0 \leq d < 1$ 이다. 그리고 다음과 같은 미지수 $(x, y, z$ 및$)$ x_1, y_1, z_1 을 생각한다.[3]

---

3) 세제곱풀이에 관한 설명은 다음 문헌을 참조했다.
· Kangshen, S. · Crossley, J.N. · Lun, A.W.-C. Lun(1999), *The Nine Chapters on the Mathematical Art*, Oxford University.

$$x = 100a+10b+c+d = 100x_1$$
$$= 100(a+y) = 100a+100y = 100a+10y_1$$
$$= 100a+10(b+z) = 100a+10b+10z = 100a+10b+z_1$$

즉, x_1, y_1, z_1의 값의 정수 부분은 차례로 a, b, c 이다.
먼저 다음 삼차 방정식에서 x_1의 값을 추정한다.

$$x^3 = 1860867 = 1000000x_1^3$$

그러면 $1 < x_1 < 2$ 이므로, $a = 1$이고 다음을 얻는다.

$$1860867 = 1000000x_1^3 = 1000000(1+y)^3$$
$$= 1000000+3000000y+3000000y^2+1000000y^3,$$
$$860867 = 3000000y+3000000y^2+1000000y^3,$$
$$860867 = 300000y_1+30000y_1^2+1000y_1^3$$

그러면 $2 < y_1 < 3$ 이므로, $b = 2$ 이고 다음을 얻는다.

$$860867 = 300000(2+z)+30000(2+z)^2+1000(2+z)^3,$$
$$132867 = 432000z+36000z^2+1000z^3,$$
$$132867 = 43200z_1+360z_1^2+z_1^3$$

여기서 $z_1 = 3$ 을 얻어 $c = 3$ 과 $d = 0$ 을 얻는다.
위에서 이를테면 상자 ①에서 ②로의 변환은 삼차 방정식 $1000y_1^3+30000y_1^2+300000y_1 = 860867$ [일반적으로 $By_1^3+Zy_1^2+Fy_1 = S$]에서 치환 $y_1 =$

· 경선징 저, 유인영 · 허민 역(2006), 『묵사집산법 인』, 교우사, 147~151면.
· 이상혁 저, 홍성사 역(2006), 『익산 (상편)』, 교우사, 37~40면.

$2+z$ [일반적으로 $y_1 = b+z$]에 의해 다음과 같이 삼차 방정식 $1000z^3 + 36000z^2 + 432000z = 132867$ [일반적으로 $Bz^3 + (Z+3Bb)z^2 + (F+2Zb+3Bb^2)z = S - Fb - Zb^2 - Bb^3$ 으로의 변환에 해당한다.

$$By_1^3 + Zy_1^2 + Fy_1 = S \implies B(b+z)^3 + Z(b+z)^2 + F(b+z) = S$$
$$\implies Bz^3 + (Z+3Bb)z^2 + (F+2Zb+3Bb^2)z = S - Fb - Zb^2 - Bb^3$$

유휘는 『구장산술』의 주석에서 세제곱근 풀이 과정도 기하학적으로 설명했다. 그것은 오른쪽 그림과 같이 주어진 정육각형으로부터 작은 정육각형과 몇 개의 직육면체를 잘라내는 과정과 같다.

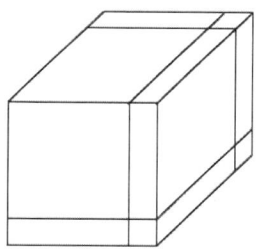

그런데 앞에서 지적한 대로, 주세걸은 방정식의 풀이를 완전히 대수적 방법으로 해결했다.

주세걸은 『구장산술』의 용어 의, 법, 중행, 하행을 차례로 상, 방법, 염법, 우법으로 바꾸어 불렀다. 주세걸의 증승개방법에 따른 산대 계산 과정에 따라 위의 과정을 나타내면 다음과 같다.

상			100	100	100
실	1860867	1860867	1860867	1860867	1860867
방법		$\rightarrow$	$\rightarrow$	$\rightarrow$	$\rightarrow$ 1000000 $\rightarrow$
염법				1000000	1000000
우법	1	1000000	1000000	1000000	1000000

상	100	100	100	100	100
실	860867	860867	860867	860867	860867
방법	1000000 →	1000000 →	3000000 →	3000000 →	300000 →
염법	1000000	2000000	2000000	3000000	30000
우법	1000000	1000000	1000000	1000000	1000

상	120	120	120	120	120
실	860867	860867	860867	132867	132867
방법	300000 →	300000 →	364000 →	364000 →	364000 →
염법	30000	32000	32000	32000	34000
우법	1000	1000	1000	1000	1000

상	120	120	120	123	123	123
실	132867	132867	132867	132867	132867	0
방법	432000 →	432000 →	43200 →	43200 →	44289 →	44289
염법	34000	36000	360	363	363	363
우법	1000	1000	1	1	1	1

위의 문제를 조립제법의 형식과 이에 대응하는 대수적인 과정을 함께 나타내면 다음과 같다.

```
    1000000        0        0    −1860867
 1 )         1000000  1000000    1000000
    1000000  1000000  1000000    −860867
             1000000  2000000
    1000000  2000000  3000000
             1000000
```

$$x^3 - 1860867 = 1000000{x_1}^3 - 1860867$$
$$= (x_1 - 1)(1000000{x_1}^2 + 1000000x_1 + 1000000) - 860867$$
$$= (x_1 - 1)[(x_1 - 1)\{1000000x_1 + 2000000\} + 3000000] - 860867$$
$$= (x_1 - 1)[(x_1 - 1)\{1000000(x_1 - 1) + 3000000\} + 3000000] - 860867$$
$$= (x_1 - 1)[1000000(x_1 - 1)^2 + 3000000(x_1 - 1) + 3000000] - 860867$$
$$= 1000000(x_1 - 1)^3 + 3000000(x_1 - 1)^2 + 3000000(x_1 - 1) - 860867$$
$$= 1000000y^3 + 3000000y^2 + 3000000y - 860867 \qquad ↵ \ [x_1 - 1 = y]$$
$$= 1000{y_1}^3 + 30000{y_1}^2 + 300000y_1 - 860867 \qquad ↵ \ [10y = y_1]$$

	1000	30000	300000	-860867
2)		2000	64000	728000
	1000	32000	364000	-132867
		2000	68000	
	1000	34000	432000	
		2000		
	1000	36000		

$$= (y_1 - 2)(1000{y_1}^2 + 32000y_1 + 364000) - 132867$$
$$= (y_1 - 2)[(y_1 - 2)\{1000y_1 + 34000\} + 432000] - 132867$$
$$= (y_1 - 2)[(y_1 - 2)\{1000(y_1 - 2) + 36000\} + 432000] - 132867$$
$$= (y_1 - 2)[1000(y_1 - 2)^2 + 36000(y_1 - 2) + 432000] - 132867$$
$$= 1000(y_1 - 2)^3 + 36000(y_1 - 2)^2 + 432000(y_1 - 2) - 132867$$
$$= 1000z^3 + 36000z^2 + 432000z - 132867 \qquad ↵ \ [y_1 - 2 = z]$$
$$= {z_1}^3 + 360{z_1}^2 + 43200z_1 - 132867 \qquad ↵ \ [10z = z_1]$$

$$
\begin{array}{r|rrrr}
 & 1 & 360 & 43200 & -132867 \\
3\,) & & 3 & 1089 & 132867 \\
\hline
 & 1 & 363 & 44289 & 0
\end{array}
\quad = (z_1-3)(z_1{}^2+363z_1+44289)
$$

따라서 다음이 성립한다.

$$x^3-1860867 = 0 \iff (z_1-3)(z_1{}^2+363z_1+44289) = 0 \iff z_1 = 3 \iff z = 0.3$$
$$\iff y_1 = 2.3 \iff y = 0.23 \iff x_1 = 1.23 \iff x = 123$$

위의 풀이 과정에서 x_1, y_1, z_1을 도입하지 않고 다음과 같이 계산할 수 있다.

$$
\begin{array}{r|rrrr}
 & 1 & 0 & 0 & -1860867 \quad x^3-1860867\\
100\,) & & 100 & 10000 & 1000000 \\
\hline
 & 1 & 100 & 10000 & \boxed{-860867} \quad = (x-100)(x^2+100\mathrm{x}+10000)-860867\\
 & & 100 & 20000 & \\
\hline
 & 1 & 200 & \boxed{30000} & \quad = (x-100)[(x-100)\{x+200\}+30000]-860867\\
 & & 100 & & \quad = (x-100)[(x-100)\{(x-100)+300\}+30000]-860867\\
\hline
 & \mathbf{1} & \boxed{300} & & \quad = (x-100)[(x-100)^2+300(x-100)+30000]-860867\\
 & & & & \quad = (x-100)3+300(x-100)2+30000(x-100)-860867
\end{array}
$$

$$
\begin{array}{r|rrrr}
 & 1 & 300 & 30000 & -860867 \quad = p^3+300p^2+30000\mathrm{p}-860867 \;\;\;\hookleftarrow\; [x-100=p]\\
20\,) & & 20 & 6400 & 728000 \\
\hline
 & 1 & 320 & 36400 & \boxed{-132867} \quad = (p-20)(\mathrm{p}^2+320\mathrm{p}+36400)-132867\\
 & & 20 & 6800 & \\
\hline
 & 1 & 340 & \boxed{43200} & \qquad = (p-20)[(p-20)\{p+340\}+43200]-132867\\
 & & 20 & & \qquad = (p-20)[(p-20)\{(p-20)+360\}+43200]-132867\\
\hline
 & \mathbf{1} & \boxed{360} & & \qquad = (p-20)[(p-20)^2+360(p-20)+43200]-132867
\end{array}
$$

$$= (p-20)^3 + 360(p-20)^2 + 43200(p-20) - 132867$$
$$\hookleftarrow [p-20 = q]$$

1	360	43200	-132867	$= q^3 + 360q^2 + 43200q - 132867$
3)	3	1089	132867	
1	363	44289	0	$= (q-3)(q^2 + 363q + 44289)$

따라서 다음이 성립한다.

$$x^3 - 1860867 = 0 \Leftrightarrow (q-3)(q^2 + 363q + 44289) = 0$$
$$\Leftrightarrow q = 3$$
$$\Leftrightarrow p = 23$$
$$\Leftrightarrow x = 123$$

하-5-1. 지금 있는 정사각형의 넓이는 4096보다. 한 변의 길이는 얼마인가?

今有平方冪 四千九十六步 問爲方面幾何

답 64보

答曰 六十四步

해법 넓이 4096보를 놓고 실로 한다. 6보의 아래에 산대 한 개를 빌어서 염법이라 이름한다. 일반적으로 한 자리를 넘어가서 100보 아래에 멈춘다. 그래서 위의 상(商)은 60이다. 염법의 위와 실의 수 아래에 또한 600을 두고 방법이라 이름한다. 이에 위의 상과 곱해서 실에서 3600을 덜면 실은 496이 남는다. 방법을 두 배하면 1200을 얻고 한 자리 물러나면 120이 된다. 염법은 두 자리 물러난다. 또 위에 상을 4보로 한다. 염법의 위와 실의 수 아래에 또 4보를 둔다. 방법은 124를 얻는다. 이에 위의 상과 곱해서 실에서 덜면 딱 떨어진다. 문제에 맞는다.

術曰 列冪四千九十六步 爲實 借一筭 於六步之下 名曰廉法 常超一位 至百步下止 乃上商六十 於廉法之上 實數之下 亦置六百 名曰方法 乃命上商除實三千六百 實餘四百九十六 倍方法 得一千二百 一退 得一百二十 廉法 再退 又上商四步 於廉法之上 實數之下 亦置四步 方法 得一百二十四 乃命上商除實 恰盡 合問

✿ **• 역자 주해 •**

해법에서는 앞에서 설명한 『구장산술』의 산대 조작 방법과 같은 증승개방법에 따라서 평방 $x^2 = 4096$을 풀고 있다. 즉 4096 의 제곱근을 구하고 있다.

해법에서 제시한 평방 $x^2 = 4096$ 의 풀이 과정은 다음과 같다.

상			60	60	60	60	60	64	64	64
실	4096→	4096	→ 4096	→4096→	496	→ 496	→ 496	→ 496	→ 496	→ 0
방법			600	600	1200	120	120	124	124	
염법	1	100	100	100	100	100	1	1	1	1

이차 방정식 $x^2 - 4096 = 0$ 을 푸는 위의 계산 과정에 대응하는 조립제

법과 대수적 과정을 함께 제시하면 다음과 같다.

$$x^2 - 4096$$

	100	0	−4096
6)		600	3600
	100	600	−496
		600	
	100	1200	

$$= 100x_1^2 - 4096$$

$$= (x_1 - 6)(100x_1 + 600) - 496$$

$$= (x_1 - 6)\{100(x_1 - 6) + 1200\} - 496$$

$$= 100(x_1 - 6)^2 + 1200(x_1 - 6) - 496$$

$$= 100y^2 + 1200y - 496 \quad \hookleftarrow [x_1 - 3 = y]$$

$$= y_1^2 + 120y_1 - 496 \quad \hookleftarrow [10y = y_1]$$

	1	120	−496
4)		4	496
	1	124	0

$$= (y_1 - 4)(y_1 + 124)$$

따라서 다음이 성립한다.

$$x^2 - 4096 = 0 \Leftrightarrow (y_1 - 4)(y_1 + 124) = 0$$
$$\Leftrightarrow y_1 = 4 \Leftrightarrow y = 0.4$$
$$\Leftrightarrow x_1 = 6.4 \Leftrightarrow x = 64$$

하-5-2. 지금 있는 정육면체의 부피는 1만 7576자다. 한 모서리의 길이는 얼마인가?

今有立方羃一萬七千五百七十六尺 問爲方面幾何

답 26자

答曰 二十六尺

해법 부피 1만 7576을 놓고 실로 한다. 6자의 아래에 산대 하나를 빌려서 우법이라 이름한다. 일반적으로 두 자리를 넘어가면 약실은 1000자 아래에서 멈춘다. 그래서 위의 상(商)은 20이다. 우법과 위의 상 20을 곱하면 2000을 얻는다. 우법의 위와 방법의 아래에 놓고 염법이라고 이름한다. 또한 염법과 위의 상 20을 곱하면 4000을 얻는다. 염법의 위와 실의 수 아래에 놓고 방법이라 이름한다. 이에 위의 상과 곱해서 실에서 8000을 덜면 실은 9576이 남는다. 우법과 위의 상 20을 곱해서 염법에 더해 넣는다. 또 염법을 위의 상 20과 곱해서 방법에 더해 넣는다. 또 우법과 위의 상 20을 곱해서 염법에 더해 넣는다. 방법은 1만 2000을 얻고 염법은 6000을 얻는다. 방법은 하나 물러나고 염법은 둘 물러나고 우법은 셋 물러난다. 이어서 위의 상을 6자이다. 우법과 위의 상 6자를 곱해서 염법에 더해 넣고 또 염법과 위의 상 6자를 곱해서 방법에 더해 넣으면 1596을 얻는다. 이에 위의 상과 곱해서 실에서 덜면 딱 떨어진다. 문제에 맞는다.

術曰 列冪一萬七千五百七十六尺 爲實 借一筭 於六尺之下 名曰隅法 常超二位約實 至千尺下止 乃上商二十 以隅法因上商二十 得二千 於隅法之上 方法之下 名曰廉法 又廉法因上商二十 得四千 於廉法之上 實數之下 名曰方法 乃命上商除實八千 實餘九千五百七十六 以隅法因上商二十 加入廉法 又廉法因上商二十 加入方法 又隅法因上商二十 加入廉法 方法 得一萬二千 廉法 得六千 方法 一退 廉法 再退 隅法 三退 續又上商六尺 以隅法因上商六尺 加入廉法 又廉法因上商六尺 加入方法 得一千五百九十六 乃命上商除實 恰盡 合問

해법에서는 앞에서 설명한 증승개방법에 따라 입방 $x^3 = 17576$을 풀고 있다. 즉 17576의 세제곱근을 구하고 있다.

해법에서 제시한 평방 $x^3 = 17576$의 풀이 과정은 다음과 같다.

상			20	20	20	20	20
실	17576	17576	17576	17576	17576	9576	9576
방법	→	→	→	→	4000 →	4000 →	4000 →
염법			2000	2000	2000	4000	
우법	1	1000	1000	1000	1000	1000	1000
상	20	20	20	26	26	26	26
실	9576	9576	9576	9576	9576	9576	0
방법	12000 →	12000 →	1200 →	1200 →	1200 →	1596 →	1596
염법	4000	6000	60	60	66	66	66
우법	1000	1000	1	1	1	1	1

삼차 방정식 $x^3 - 17576 = 0$을 푸는 위의 계산 과정에 대응하는 조립제법과 대수적 과정을 함께 제시하면 다음과 같다.

$$x^3 - 17576$$
$$= 1000x_1^3 - 17576$$

```
        1000     0      0    -17576
   2 )         2000   4000    8000
       ─────────────────────────────
        1000  2000   4000    -9576
              2000   8000
       ─────────────────────────────
        1000  4000  12000
              2000
       ─────────────────────────────
        1000  6000
```

$= (x_1-2)(1000x_1^2 + 2000x1 + 4000) - 9576$

$= (x_1-2)[(x_1-2)\{1000x_1 + 4000\} + 12000] - 9576$

$= (x_1-2)[(x_1-2)\{1000(x_1-2) + 6000\} + 12000] - 9576$

$= 1000(x_1-2)^3 + 6000(x_1-2)^2 + 12000(x_1-2) - 9576$

$= 1000y^3 + 6000y^2 + 12000y - 9576$ $[x_1 - 2 = y]$

1	60	1200	−9576		$= y_1^3 + 60y_1^2 + 1200y_1 - 9576$ $[10y = y_1]$
6)		6	396	9576	
	1	66	1596	0	$= (y_1 - 6)(y_1^2 + 66y_1 + 1596)$

따라서 다음이 성립한다.

$$x3 - 17576 = 0 \Leftrightarrow (y_1 - 6)(y_1^2 + 66y_1 + 1596) = 0 \Leftrightarrow y_1 = 6$$
$$\Leftrightarrow y = 0.6 \Leftrightarrow x_1 = 2.6 \Leftrightarrow x = 26$$

하-5-3. 지금 넓이가 5만 9414$\frac{1}{16}$ 보인 정사각형이 있다. 한 변의 길이는 얼마인가?

今有積五萬九千四百一十四步 一十六分步之一 問爲平方面幾何

답 $243\frac{3}{4}$ 보

答曰 二百四十三步 四分步之三

해법 전체 보의 수를 놓고 분모와 곱해서 분자에 더하면 95만 625를 얻고 실로 한다. 1이 염법이 되고 평방을 풀면 975를 얻는다. 「이 것이 변의 積分이다」 또 분모를 놓고 실로 하고 1을 염으로 해서 평방을 풀면 4를 얻는다. 나누어주면 243보를 얻는다. 법에 차지 않는 것은 분수로 나타낸다. 문제에 맞는다.

術曰 列全步 通分內子 得九十五萬六百二十五 爲實 以一爲廉 平方 開之 得九百七十五 「乃每面積分也」 又列分母 爲實 一爲廉 平方

開之 得四 報除 得二百四十三步 不滿法者命之 合問

❀ • 역자 주해 •

해법에서는 다음과 같이 주어진 넓이를 먼저 가분수로 고치고, 분모와 분자의 제곱근을 별도로 구한 다음에 이를 나누어 답을 구했다.

$$(\text{변의 길이}) = \sqrt{\text{정사각형 넓이}} = \sqrt{59414\frac{1}{16}} = \sqrt{\frac{950625}{16}} = \frac{\sqrt{950625}}{\sqrt{16}}$$

$$= \frac{975}{4} = 243\frac{3}{4}(\text{보})$$

> **하-5-4.** 지금 부피가 13만 3768$\frac{288}{343}$자인 정육면체가 있다. 한 모서
> 리의 길이는 얼마인가?
>
> 今有積一十三萬三千七百六十八尺　三百四十三分尺之二百八十八
> 問爲立方面幾何

답　$51\frac{1}{7}$자

答曰　五十一尺 七分尺之一

해법 전체 보의 수를 놓고 분모와 곱해서 분자에 더하면 4588만 2712
를 얻고 실로 한다. 1이 우로 해서 세제곱근을 풀면 358을 얻는
다. 「이것이 변의 方積分이다」 또 분모를 놓고 실로 하고 1을 우로
해서 세제곱근을 풀면 7을 얻는다. 나누어주고 법에 차지 않는

것은 분수로 나타낸다. 문제에 맞는다.

術曰 列全步 通分內子 得四千五百八十八萬 二千七百一十二 爲實 以一爲隅 立方開之 得三百五十八 「乃每面方積分」 又列分母 爲實 以一爲隅 立方開之 得七 報除 不滿法者命分 合問

🏵️ • 역자 주해 •

부피가 대분수로 주어진 정육면체의 모서리의 길이를 구하고 있다. 계산 과정은 먼저 부피를 가분수로 고친 다음에 분자와 분모의 세제곱근을 별도로 구하고 있다. 이를 정리하면 다음과 같다.

$$\sqrt[3]{133768\frac{288}{343}} = \sqrt[3]{\frac{45882712}{343}} = \frac{\sqrt[3]{45882712}}{\sqrt[3]{343}} = \frac{358}{7} = 51\frac{1}{7}\,(자)$$

하-5-5. 지금 곱이 112만 9458$\frac{511}{625}$자일 때, 네제곱근은 얼마인가?

今有積一百一十二萬九千四百五十八尺 六百二十五分尺之五百一十一 問爲三乘方幾何

답 $32\frac{3}{5}$자

答曰 三十二尺 五分尺之三

해법 전체 보의 수를 놓고 분모와 곱해서 분자에 더하면 7억 591만

1761을 얻고 실로 한다. 1을 우로 해서 삼승방을 풀면 163을 얻는다. 「이것이 변의 方積分이다」 또 분모를 놓고 실로 하고 1을 우로 해서 삼승방을 풀면 5를 얻는다. 보제 한다. 문제에 맞는다.

術曰 列全步 通分內子 得七億 五百九十一萬 一千七百六十一 爲實 以一爲隅 三乘方開之 得一百六十三 「乃每面方積分」 又列分母 爲實 以一爲隅 開三乘方而一 得五 報除 合問

🌸 • 역자 주해 •

대분수로 주어진 수의 네제곱근을 구하고 있다. 계산 과정은 먼저 수를 가분수로 고친 다음에 분자와 분모의 네제곱근을 별도로 구하고 있다. 이를 정리하면 다음과 같다.

$$\sqrt[4]{1129458\frac{511}{625}} = \sqrt[4]{\frac{705911761}{625}} = \frac{\sqrt[4]{705911761}}{\sqrt[4]{625}} = \frac{163}{5} = 32\frac{3}{5}(\text{자})$$

하-5-6. 지금 넓이가 588보인 원형 밭이 있다. 지름은 얼마인가?

今有積五百八十八步 問爲圓田徑幾何

답 28보

答曰 二十八步

넓이를 놓고 4를 곱하고 3으로 나누어 얻은 784를 실로 한다. 1을 염으로 해서 평방을 풀면 원의 지름을 얻는다. 문제에 맞는다.

術曰 列積 四之 三而一 得七百八十四 爲實 以一爲廉 平方開之 得 圓徑 合問

❀ ·역자 주해·

원의 넓이로부터 원의 지름을 구하는 계산 과정은 다음과 같다.

$$(\text{원의 지름}) = \sqrt{\frac{(\text{원의 넓이}) \times 4}{3}} = \sqrt{\frac{588 \times 4}{3}} = \sqrt{784} = 28(\text{보})$$

문제 ≪중-1-7≫에서는 원의 지름이 1일 때 고법 $\pi = 3$ 에 따라 원의 넓이 S를 $S = \dfrac{3l^2}{4}$ 과 같이 구했다. 이에 따라 위와 같이 원의 넓이로부터 지름을 구할 수 있다.

하-5-7. 지금 넓이가 $468\frac{3}{4}$ 보인 원형 밭이 있다. 둘레는 얼마인가?

今有積四百六十八步 强半步 問爲圓田周幾何

답   75보
答曰 七十五步

해법 전체 넓이의 보수를 놓고 분모와 해서 분자에 더하면 1875를 얻는다. 12로 곱하면 22500을 얻는다. 또 분모를 네제곱하면 64를 얻는다. 그것에 곱하면 1440000을 얻고 실로 한다. 1을 염으로 하고 평방을 풀면 1200을 얻고 또 분모를 제곱하면 16을 얻는다. 그것으로 나눈다. 문제에 맞는다.

術曰 列全步 通分內子 得一千八百七十五 以十二乘之 得二萬二千五百 又分母四再自乘 得六十四 乘之 得一百四十四萬 爲實 以一爲廉 平方開之 得一千二百 又分母自乘 得十六 而一 合問

❀ • 역자 주해 1 •

원의 넓이로부터 둘레를 구하는 계산 과정은 다음과 같다.

$$(\text{원의 둘레}) = \sqrt{(\text{원의 넓이}) \times 12} = \sqrt{\left(468\frac{3}{4}\right) \times 12} = \sqrt{\frac{1875}{4} \times 12} \quad (보)$$

$$= \sqrt{\frac{22500}{3}} = \sqrt{\frac{22500 \times 64}{4 \times 64}} = \frac{\sqrt{1440000}}{256} = \frac{1200}{16} = 75$$

문제 ≪중-1-8≫에서는 고법에 따라 원의 넓이 S 를 둘레 l의 제곱을 12로 나누어 얻었다. 즉, $S = \frac{l^2}{12}$ 이다. 따라서 $l = \sqrt{12S}$ 이다.

❀ • 역자 주해 2 •

왕감은 『산학계몽술의』에서 문제 ≪하-5-7≫에 대한 주석에 뒤이어, 제8문부터 등장하는 천원술을 설명하고 있다. 이를 위해 주세걸의 『사원옥감』에 있는 이와 관련된 내용을 덧셈, 뺄셈, 곱셈, 나눗셈의 순서로 인용하고 이를 예를 들어 설명하고 있다.

⋮	
x^{-2}	
x^{-1}	
○	太
x	元
x^2	
x^3	
⋮	

천원술에서 승방, 즉 미지수(원)가 천(天) 한 개인 다항식을 산대로 나타낼 때, 상수항은 곁에 太(태)자를 써서 나타내고, 미지수는 元(원)자를 써서 나타내는데, 太자가 있으면 元자를 쓰지 않고 元자가 있으면 太자를 쓰지 않는 방법으로 한 글자만 쓴다. 천원술에서는 미지수의 거듭제곱을 기호나 문자로 나타내지 않고 그 계수만을 해당하는 자리에 위와 아래로 나열해서 다항식을 나타낸다. 미지수의 거듭제곱의 계수가 나타나는 자리를 x 의 거듭제곱으로 나타내면 오른쪽 그림과 같다.

> **하-5-8.** 지금 직사각형 밭이 있는데, 넓이는 8.55무이다. 다만, 길이와 너비의 합이 92보라고 한다. 길이와 너비는 각각 얼마인가?
>
> 今有直田 八畝五分五釐 只云 長平和 得九十二步 問長平各幾何

답   너비 38보
　　　　길이 54보

答曰　平 三十八步
　　　　長 五十四步

해법 천원 하나 $\boxed{\begin{matrix}0\\1\end{matrix}}$ 을 세우고 너비로 한다. 말한 수에서 빼고 남는 것

이 길이이다. 너비를 써서 곱을 하면 넓이 $\boxed{\begin{matrix}0\\92\\-1\end{matrix}}$ 이 된다. 별도로

왼쪽에 맡겨둔다. 무를 놓고 보로 환산해서 왼쪽에 맡겨둔 것과

서로 없애면 개방식 $\boxed{\begin{matrix}-2052\\92\\-1\end{matrix}}$ 을 얻는다. 평방을 풀면 너비를 얻는

다. (길이와 너비의 합인) 화보에서 빼면 바로 길이이다. 문제에 맞

는다. 「살펴보면 이것은 옛날의 방법으로 계산한 것이다. (길이와 너비의 합인)

화보를 제곱하면 8464를 얻고 이것은 바로 4개의 직적과 1개의 교멱이다. 넓

이를 놓고 4배하면 8208을 얻고 그것에서 빼면 남는 것이 교멱 256이고 실로

한다. 1을 염으로 해서 제곱을 풀면 교 16보를 얻는다. 화를 더하고 반으로

하면 길이를 얻는다. 길이에서 교를 빼면 곧 너비이다. 이제 천원으로 계산하

면 원천을 밝히고 법을 활용하며 공을 태극의 아래에 1산을 세워서 뜻대로

구해서 방, 렴, 우, 종 양수와 음수의 항을 얻는다. 그 임시의 곱을 계산하여

서로 없애고 서로 키우면 그 진적이 떨어져 나온다. 그러므로 한 문제 한 문

제마다 세초를 준비해 세우고 그 종횡을 그리고 그 음수와 양수를 밝혀서 배

우는 자로 하여금 찬연히 이해하기 쉽도록 했다.」

術曰 立天元一 爲平 丨 以減云數 餘爲長 用平乘起 爲積 寄左

列畝通步 與寄左相消 得開方式 平方開之 得平 以減和步
卽長 合問 「按此以古法演之 和步自乘 得八千四百六十四 乃是四段直積
一段較冪也 列積四之 得八千二百八 減之 餘有較冪二百五十六 爲實 以一
爲廉 平方開之 得較一十六步 加和 半之 得長 長內減較 卽平也 今以天元
演之 明源活法 省功數倍 假立一筭 於太極之下 如意求之 得方廉隅從正負
之段 乃演其虛積 相消相長 而脫其眞積也 子故於逐問 備立細草 圖其縱橫
明其正負 使學者粲然易曉也」

해법에서 천원술을 이용해서 제시한 풀이 과정을 다음과 같이 현대식으로 나타낼 수 있다.

너비를 x 보라고 하면, (너비와 길이의 합이 92보이므로) 길이는 $(92-x)$보이고 넓이는 $x(92-x) = -x^2+92x$ 이다. 넓이의 단위를 '무'에서 '제곱보'로 바꾸면 다음과 같다.

8.55무 = 8.55무 × 240(제곱보 / 무) = 2052(제곱보)

그러므로 다음과 같은 개방식(방정식)을 얻는다.

$$-x^2+92x = 2052, \quad -x^2+92x-2052 = 0$$

해법에서 이 방정식을 푸는 과정은 제시하지 않았지만, 앞에서 설명한 증승개방법을 풀면 다음과 같다.

상		30	30	30	30	30	38
실	-2052 →	-2052 →	-2052 →	-192 →	-192 →	-192 →	-192
방법	92	920	620	620	320	32	32
염법	-1	-100	-100	-100	-100	-1	-1

상	38	38
실	→ -192 →	0
방법	24	24
염법	-1	-1

해법의 주석에서는 고법에 따라 이 문제를 해결하는 과정을 설명하고 있다. 현대식을 나타내면 다음과 같다.

왼쪽 그림과 같이 길이를 a, 너비를 b 라 하자. 문제의 조건은 다음과 같다.

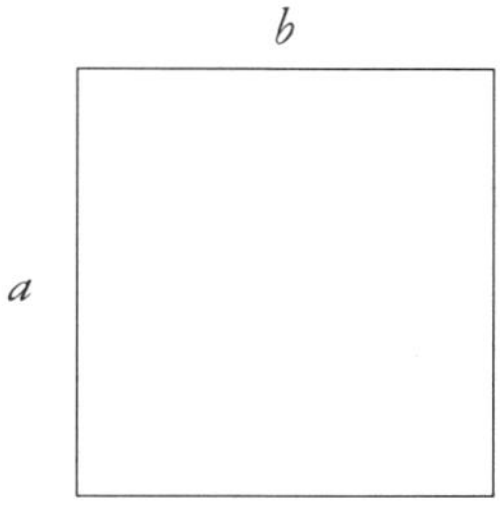

$$ab = 2052 \ \cdots\cdots \ ①$$
$$a+b = 92 \ \cdots\cdots \ ②$$

그러므로 다음을 얻는다.

$① \times 4 \ : \ 4ab = 8208 \ \cdots\cdots \ ③$
$②^2 \quad : \ (a+b)^2 = 92^2 = 8464 \ \cdots\cdots \ ④$

그런데 $(a+b)^2 = (a-b)^2 + 4ab$ 이므로, ③과 ④로부터 다음을 얻는다.
$$(a-b)^2 = (a+b)^2 - 4ab \ = 8464 - 8208 = 256 \ \cdots\cdots \ ⑤$$
$\sqrt{⑤} \quad : \ a-b = 16 \ \cdots\cdots \ ⑥$
$②+⑥ : \ 2a = 108$
$⑦ \div 2 \ : \ a = 54 \ \cdots\cdots \ ⑦$
$②-⑦ \ : \ b = 38$

하-5-9. 지금 직사각형 밭이 있는데, 넓이는 5무 88보다. 다만, 길이와 너비를 더하면 74보를 얻는다고 한다. 길이와 너비의 차는 얼마인가?

今有直田五畝八十八步 只云 長平併之 得七十四步 問較步幾何

답 18보

答曰 一十八步

해법 천원 하나 $\boxed{\begin{smallmatrix}0\\1\end{smallmatrix}}$ 을 세우고 교로 한다. 말한 수를 더해 넣으면 두 배의 길이 $\boxed{\begin{smallmatrix}74\\1\end{smallmatrix}}$ 이 된다. 또, 말한 수를 놓고 하나의 교를 빼면 남는 것은 두 배의 너비 $\boxed{\begin{smallmatrix}74\\-1\end{smallmatrix}}$ 이다. 두 배의 길이와 두 배의 너비를 곱하면 4개의 넓이 $\boxed{\begin{smallmatrix}5476\\0\\-1\end{smallmatrix}}$ 이 된다. 왼쪽에 맡겨둔다. 무를 놓고 보로 환산해서 아랫수를 더하고 4배한다. 왼쪽에 맡겨 놓았던 것과 서로 없애면 개방식 $\boxed{\begin{smallmatrix}324\\0\\-1\end{smallmatrix}}$ 을 얻는다. 평방을 풀면 교를 얻는다. 문제에 맞는다.

術曰 立天元一 爲較 加入云數 爲二長 又列云數 內減一較 餘 爲二平式 二長二平增乘起 爲四段積 寄左 列畝 通步 內子 四之 與寄左相消 得開方式 平方開之 得較 合問

해법에서 천원술을 이용해서 제시한 풀이 과정을 다음과 같이 현대식으로 나타낼 수 있다.

길이에서 너비를 뺀 교(차)를 x 보라고 하면, (너비와 길이의 합이 74보이므로) $(74+x)$ 보는 길이의 두 배이고 $(74-x)$ 보는 너비의 두 배이다. 그러므로 $(74+x)(74-x) = 5476 -x^2$ 은 넓이의 4배이다. 넓이의 단위를 '무'에서 '제곱보'로 바꾸고 4배 하면 다음과 같다.

$$
\begin{array}{l}
ab = 1288, \\
a+b = 74, \\
x = a-b, \\
74+x = 2a, \\
74-x = 2b
\end{array}
$$

b

a

$$(5무\ 88보) \times 4 = \{(5 \times 240)무\ 88보\} \times 4$$
$$= 1288보 \times 4 = 5152보$$

그러므로 다음과 같은 개방식(방정식)을 얻는다.

$$5476-x^2 = 5152, \quad 324-x^2 = 0$$

해법에서 이 방정식을 푸는 과정은 제시하지 않았지만, 앞에서 설명한 증승개방법을 풀면 다음과 같다.

상		10	10	10	10	10	18	18	18
실	$324 \rightarrow$	$324 \rightarrow$	$324 \rightarrow$	$224 \rightarrow$	$224 \rightarrow$	$224 \rightarrow$	$224 \rightarrow$	$224 \rightarrow$	0
방법	0	0	-100	-100	-200	-20	-20	-28	-28
염법	-1	-100	-100	-100	-100	-1	-1	-1	-1

하-5-10. 지금 직사각형 밭이 있는데, 넓이는 4.9무다. 다만, 길이 와 너비의 차는 25보라고 한다. 길이와 너비는 각각 얼마인가?

今有直田四畝九分 只云 長平差二十五步 問長平各幾何

답 너비 24보

길이 49보

答曰 平 二十四步

長 四十九步

해법 천원 하나 $\begin{bmatrix}0\\1\end{bmatrix}$ 을 세우고 너비 라 하자. 말한 수를 더해 넣으면 길

이가 된다. 너비로 곱하면 넓이 $\begin{bmatrix}0\\25\\1\end{bmatrix}$ 을 얻고 왼쪽에 맡겨두자.

무를 놓고 보로 환산한다. 왼쪽에 맡겨둔 것과 서로 없애면 개

방식 $\begin{bmatrix}-1176\\25\\1\end{bmatrix}$ 을 얻는다. 평방을 풀면 너비를 얻는다. 차를 더하

면 바로 길이다. 문제에 맞는다.

術曰 立天元一 爲平 ┃ 加入云數 爲長 以平乘起 爲積 ┋ 寄左 列畝

通步 與寄左 相消 得開方式 ┋ 平方開之 得平 加差 卽長 合

問

해법에서 천원술을 이용해서 제시한 풀이 과정을 다음과 같이 현대식으로 나타낼 수 있다.

너비를 x 보라고 하면, (길이에서 너비를 뺀 차가 25보이므로) $(25+x)$ 보는 길이다. 그러므로 $x(25+x) = 25x+x^2$ 은 넓이다. 넓이의 단위를 '무'에서 '제곱보'로 바꾸면 다음과 같다.

$$a \quad \begin{array}{l} b \\ \hline ab=1176, \\ a-b=25, \\ x=b, \\ 25+x=a \\ \hline \end{array}$$

$$4.9무 = 4.9무 \times 240(제곱보 / 무) = 1176(제곱보)$$

그러므로 다음과 같은 개방식(방정식)을 얻는다.

$$25x+x^2 = 1176, \quad -1176+25x+x^2 = 0$$

해법에서 이 방정식을 푸는 과정은 제시하지 않았지만, 앞에서 설명한 증승개방법을 풀면 다음과 같다.

상		20	20	20	20	20	24
실	$-1176 \rightarrow$	$-1176 \rightarrow$	$-1176 \rightarrow$	$-276 \rightarrow$	$-276 \rightarrow$	$-276 \rightarrow$	-276
방법	25	250	450	450	650	65	65
염법	1	100	100	100	100	1	1

상		24	24
실	$\rightarrow$	$-276 \rightarrow$	0
방법		69	69
염법		1	1

하-5-11. 지금 직사각형 밭이 있는데, 넓이는 6무 16보다. 다만, 길이와 너비의 차는 30보라 한다. 길이와 너비의 합은 얼마인가?

今有直田六畝一十六步 只云 長平較三十步 問長平和幾何

답 합 82보

答曰 和 八十二步

해법 천원 하나 $\boxed{\begin{smallmatrix}0\\1\end{smallmatrix}}$ 을 세우고 화 라 하자. 말한 수를 더해 넣으면 두 배의 길이 $\boxed{\begin{smallmatrix}30\\1\end{smallmatrix}}$ 이 된다. 별도로 화를 놓고 말한 수에서 빼고 남은 $\boxed{\begin{smallmatrix}-30\\1\end{smallmatrix}}$ 은 두 배의 너비다. 두 배의 길이와 두 배의 너비를 곱하면 4개의 넓이 $\boxed{\begin{smallmatrix}-900\\0\\1\end{smallmatrix}}$ 이 되고 왼쪽에 맡겨둔다. 무를 놓고 보로 환산해서 아랫수를 더하고 4배 한다. 왼쪽에 맡겨둔 것과 서로 없애면 개방식 $\boxed{\begin{smallmatrix}-6724\\0\\1\end{smallmatrix}}$ 을 얻는다. 평방을 풀면 화를 얻는다. 문제에 맞는다.

術曰 立天元一 爲和 ┃ 加入云數 爲二長 ┃ 別列和 以減云數 ┃ 餘 爲二平 以二長二平增乘起爲四段積 ┃ 寄左 列畝 通步內子 四之 與寄左 相消 得開方式 ┃ 平方開之 得和 合問

해법에서 천원술을 이용해서 제시한 풀이 과정을 다음과 같이 현대식으로 나타낼 수 있다.

길이와 너비의 화(합)를 x 보라고 하면, (길이에서 너비를 뺀 교가 30보이므로) $(30+x)$보는 길이의 두 배이고 $(-30+x)$보는 너비의 두 배이다. 그러므로 $(30+x)(-30+x) = -900+x^2$ 은 넓이의 4배이다. 넓이의 단위를 '무'에서 '제곱보'로 바꾸고 4배 하면 다음과 같다.

$$ab=1288,$$
$$a-b=30,$$
$$x=a+b,$$
$$30+x=2a,$$
$$-30+x=2b$$

$$(6무\ 16보) \times 4 = \{(6 \times 240)무\ 16보\} \times 4$$
$$= 1456보 \times 4 = 5824보$$

그러므로 다음과 같은 개방식(방정식)을 얻는다.

$$-900+x^2 = 5824, \quad -6724+x^2 = 0$$

해법에서 이 방정식을 푸는 과정은 제시하지 않았지만, 앞에서 설명한 증승개방법을 풀면 다음과 같다.

상		80	80	80	80	80	82
실	$-6724 \rightarrow$	$-6724 \rightarrow$	$-6724 \rightarrow$	$-324 \rightarrow$	$-324 \rightarrow$	$-324 \rightarrow$	-324
방법	0	0	800	800	1600	160	160
염법	1	100	100	100	100	1	1

상	82	82
실	→ −324 →	0
방법	162	162
염법	1	1

하-5-12. 지금 정사각형 밭과 원형 밭이 각각 하나씩 있는데, 넓이의 합은 9.45무다. 다만, 정사각형 밭의 변과 원형 밭의 지름의 길이가 서로 같다고 한다. 정사각형의 변과 원의 지름은 각 얼마인가?

今有方圓田 各一段 共地九畞四分五釐 只云 方田面與圓田徑適等問方面圓徑各幾何

답 정사각형 변과 원의 지름 각각 36보

答曰 方面圓徑 各三十六步

해법 천원 하나를 세우고 정사각형의 변이라 하자. 또 원의 지름도 $\begin{array}{c}0\\1\end{array}$

이 된다. 제곱하면 정사각형의 넓이 $\begin{array}{c}0\\0\\1\end{array}$가 되고 왼쪽에 맡겨둔다. 또 원의 지름을 놓고 제곱해서 3을 곱하고 4로 나누면 원의

넓이 $\begin{array}{c}0\\0\\0.75\end{array}$가 된다. 왼쪽에 맡겨둔 것에 더해 넣으면 식 $\begin{array}{c}0\\0\\1.75\end{array}$를 얻고 다시 맡겨둔다. 무를 놓고 보로 환산해서 다시 맡겨둔 것

과 서로 없애면 개방식 $\boxed{\begin{array}{r} -2268 \\ 0 \\ 1.75 \end{array}}$ 를 얻는다. 평방을 풀면 정사

각형의 변과 원의 지름을 얻는다. 문제에 맞는다.

術曰　立天元一　爲方面　亦爲圓徑　|　自之　爲方積　|　寄左　又列圓徑

自之　三因四而一　爲圓積　⫯　加入寄左　得式　⫯　再寄　列畝通

步　與再寄　相消　得開方式　⫯　平方開之　得方面圓徑　合問

❀ ● 역자 주해 ●

해법에서 천원술을 이용해서 제시한 풀이 과정을 다음과 같이 현대식
으로 나타낼 수 있다.

정사각형의 한 변의 길이를 x 보라고 하면, 원의 지름도 x 보다. 그러면
정사각형의 넓이는 x^2 보고, 원의 넓이는 (고법에 따라) $0.75x^2$ 보며, 넓이
의 합은 $1.75x^2$ 보다. 넓이의 단위를 '무'에서 '제곱보'로 바꾸면 다음과
같다.

9.45무 $= 9.45$무 $\times 240$(제곱보 / 무) $= 2268$(제곱보)

x

x ┌─────── $S = x^2$

그러므로 다음과 같은 개방식(방정식)을 얻는다.

$1.75x^2 = 2268$,　$-2268 + x^2 = 0$

$d = x$

$S = 0.75x^2$

해법에서 이 방정식을 푸는 과정은 제시하지
않았지만, 앞에서 설명한 증승개방법을 풀면 다음과 같다.

상		30	30	30	30	30
실	−2268 →	−2268 →	−2268 →	−693 →	−693 →	−693
방법	0	0	525	525	1050	105
염법	1.75	175	175	175	175	1.75

상	36	36	36
실	→ −693 →	−693 →	0
방법	105	115.5	115.5
염법	1.75	1.75	1.75

하-5-13. 지금 정사각형의 밭과 원형 밭이 각각 하나씩 있는데, 넓이의 합은 7무 28보이다. 다만, 정사각형 밭의 변은 원형 밭의 지름보다 13보 짧다고 한다. 원의 지름과 정사각형의 변은 각각 얼마인가?

今有方圓田 各一段 共地七畝二十八步 只云 方面不及圓徑一十三步 問圓徑方面各幾何

답 원의 지름 38보
정사각형의 변 25보

答曰 圓徑 三十八步
方面 二十五步

해법 천원 하나 $\begin{smallmatrix}0\\1\end{smallmatrix}$ 을 세우고 원의 지름이라 하자. 미치지 못하는 것

을 빼면 남는 것은 정사각형의 변이 된다. 제곱하고 $\boxed{\begin{array}{r}169\\-26\\1\end{array}}$ 4배하

면 4개의 정사각형의 넓이 $\boxed{\begin{array}{r}676\\-104\\4\end{array}}$ 가 되고 왼쪽에 맡겨둔다. 또

원의 지름을 놓고 제곱해서 3을 곱하면 또한 4개의 원의 넓이

$\boxed{\begin{array}{r}0\\0\\3\end{array}}$ 이 된다. 왼쪽에 맡겨둔 것을 더해 넣으면 $\boxed{\begin{array}{r}676\\-104\\7\end{array}}$ 을 얻고 다

시 맡겨두자. 무를 놓고 보로 환산하고 아랫수를 더한다. 4배해

서 다시 맡겨둔 것과 서로 없애면 개방식 $\boxed{\begin{array}{r}-6156\\-104\\7\end{array}}$ 을 얻는다. 평

방을 번법으로 풀면 원의 지름을 얻는다. 미치지 못하는 것을
빼면 정사각형의 변을 얻는다. 문제에 맞는다.

術曰 立天元一 爲圓徑 ┆ 減不及 餘爲方面 自之 就分 四之 爲四

段方積 寄左 又列圓徑 自之 三因 亦爲四段圓積 加入寄

左 得 再寄 列畝 通步內子 四之 與再寄 相消 得開方式

平方法開之 得圓徑 減不及 卽方面 合問

❀ • 역자 주해 •

해법에서 천원술을 이용해서 제시한 풀이 과정을 다음과 같이 현대식
으로 나타낼 수 있다.

원의 지름의 길이를 x 보라고 하면, 정사각형 한 변의 길이는 $(x-13)$ 보
다. 그러면 정사각형의 넓이는 $(x^2-26x+169)$ 보고, 4배는 $(4x^2-104x+676)$

보다. 원의 넓이의 4배는 (고법에 따라) $3x^2$ 보며, 각 넓이의 4배의 합은 $(7x^2-104x+676)$ 보다. 넓이의 단위를 '무'에서 '제곱보'로 바꾸고 4배 하면 다음과 같다.

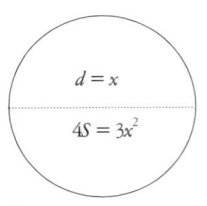

$$(7무\ 28보) \times 4 = \{(9 \times 240+28)보\} \times 4$$
$$= 1708보 \times 4 = 6832(제곱보)$$

그러므로 다음과 같은 개방식(방정식)을 얻는다.

$$7x^2-104x+676 = 6832,\ 7x^2-104x-6156 = 0$$

해법에서 이 방정식을 푸는 과정은 제시하지 않았지만, 앞에서 설명한 증승개방법을 풀면 다음과 같다.

상		30	30	30	30	30
실	-6156 →	-6156 →	-6156 →	-2976 →	-2976 →	-2976
방법	-104	-1040	1060	1060	3160	316
염법	7	700	700	700	700	7

상		38	38	38
실→	-2976 →	-2976 →	0
방법	316	372	372
염법	7	7	7

하-5-14. 지금 어떤 직사각형밭의 넓이는 9.8무다. 다만, 그 길이의 $\frac{5}{8}$와 너비의 $\frac{2}{3}$를 서로 더하면 63보를 얻는다고 한다. 길이와 너비는 각각 얼마인가?

今有直田九畝八分 只云 長取八分之五 平取三分之二 相併 得六十三步 問長平各幾何

답 너비 42보

길이 56보

答曰 平 四十二步

長 五十六步

해법 그림

8	길이	5
3	너비	2

에 따라 산대를 펴고, 분모를 분자에 엇갈려 곱한다. 「길이는 15개, 너비는 16개를 얻는다.」 분모를 서로 곱하면 24를 얻고 63을 곱하면 1512를 얻는다. 「바로 이것은 길이의 15배와 너비의 16배다.」 천원 하나

0
1

을 세워서 너비라 하자. 16을 곱하고 말한 수에서 뺀 나머지

1512
-16

은 길이의 15배다. 너비를 써서 이에 곱하면 넓이의 15배

0
1512
-16

이 되고 왼쪽에 맡겨 둔다. 무를 놓고 보로 환산해서 15를 곱하고 왼쪽에 맡겨 둔 것 서로 없애면 개방식

-35280
1512
-16

을 얻는다. 평방을 풀면 너비를 얻는데, 너비로 넓이를 나누면 길이를 얻는다. 문제에 맞는다.

術曰 依圖布筭 ⫿長⫿ ⫿平⫿ 母互乘子 「乃得長十五箇 平十六箇」 分母相

乘 得二十四 以乘六十三 得一千五百一十二 「卽是一十五長一十六平數也」 立天元一 爲平 ╎ 以十六乘之 減云數 餘爲一十五長

╥ 用平乘之 爲一十五段積 ╥ 寄左 列畝通步 以一十五乘之

與寄左 相消 得開方式 ╥ 平開方之[4] 得平 以平除積 得長 合問

● 역자 주해 ●

해법에서 천원술을 이용해서 제시한 풀이 과정을 다음과 같이 현대식으로 나타낼 수 있다.

길이의 15배와 너비의 16배의 합은 1512제곱보다. 너비를 x 보라고 하면, $1512-16x$ 는 길이의 15배다. 그러므로 $x(1512-16x)$는 넓이의 15배이다. 넓이의 단위를 '무'에서 '제곱보'로 바꾸고 15배 하면 다음과 같다.

$$9.8무 \times 15 = \{(9.8 \times 240)무\} \times 15$$
$$= 2352보 \times 15 = 35280보$$

그러므로 다음과 같은 개방식(방정식)을 얻는다.

b

a

$ab = 2532,$
$\frac{5}{8}a + \frac{2}{3}b = 63,$
$\frac{15}{24}a + \frac{16}{24}b = 63,$
$15a + 16b = 1512$
$x = b,$
$1512 - 16x = 15a,$
$x(1512 - 16x)$
$= 15ab = 35280$

---

4) '平方開之'의 오식 『술의』에는 이와 같이 수정되어 있다.

$$1512x - 16x^2 = 35280,$$

$$-35280 + 1512x - 16x^2 = 0$$

해법에서 이 방정식을 푸는 과정은 제시하지 않았지만, 앞에서 설명한 증승개방법을 풀면 다음과 같다.

상		40	40	40	40	40
실	$-35280 \rightarrow$	$-35280 \rightarrow$	$-35280 \rightarrow$	$-400 \rightarrow$	$-400 \rightarrow$	-400
방법	1512	15120	8720	8720	2320	232
염법	-16	-1600	-1600	-1600	-1600	-16

상	42	42	42
실	$\rightarrow -400 \rightarrow$	$-400 \rightarrow$	0
방법	232	200	200
염법	-16	-16	-16

하-5-15. 지금 있는 직사각형 밭의 넓이는 11.9무다. 다만 길이와 너비의 화(合)의 $\frac{2}{11}$, 길이와 너비의 교(차)의 $\frac{7}{13}$, [길이와 너비의] 화와 너비의 차의 $\frac{5}{8}$를 모두 더하면 너비보다 2보 크다고 한다. 길이와 너비는 각각 얼마인가?

今有直田一十一畝九分 只云 長平和取十一分之二 長平較取十三分之七 較平差取八分之五 多於一平二步 問長平各幾何

답 너비 42보

길이 68보

答曰 平 四十二步

　　　 長 六十八步

해법 그림 $\begin{array}{|ccc|} \hline 11 & 화 & 2 \\ 13 & 교 & 7 \\ 8 & 차 & 5 \\ \hline \end{array}$ 에 따라 산대를 펴고 분모와 분자를 엇갈려 곱한

다. 「이에 화는 208개, 교는 616개, 차는 715개를 얻는다.」 분모를 서로

곱하면 1144를 얻고, 더 많은 2보를 이에 곱하면 2288을 얻는다.

「별도로 길이의 109배에서 너비의 122배를 빼면 남은 수이다.」 천원 하나

$\begin{array}{|c|} \hline 0 \\ 1 \\ \hline \end{array}$ 을 세우고 길이라 하자 109를 이에 곱하고 남은 수를 뺀 식

$\begin{array}{|c|} \hline -2288 \\ 109 \\ \hline \end{array}$ 는 너비의 112배가 된다. 길이를 이에 곱하면 넓이의 122

배 $\begin{array}{|c|} \hline 0 \\ -2288 \\ 109 \\ \hline \end{array}$ 가 되고 왼쪽에 맡겨둔다. 넓이를 놓고 122를 곱해서

왼쪽에 맡겨둔 것과 서로 없애면 개방식 $\begin{array}{|c|} \hline -348432 \\ -2288 \\ 109 \\ \hline \end{array}$ 를 얻는다. 평

방을 번법으로 풀면 길이를 얻는다. 길이로 넓이를 나누면 너비

를 얻는다. 문제에 맞는다.

術曰 依圖布筭　母互乘子「乃得和二百八箇　較六百一十六箇　差

七百一十五箇」分母相乘　得一千一百四十四　以多於二步乘之

得二千二百八十八「別得一百九長　內減一百二十二平　餘數」

立天元一　爲長　一百九之　內減餘數式　爲一百二十二段平

以長乘之　爲一百二十二段積　寄左　列積　以一百二十二乘之

與寄左 相消 得開方式 <small>翻標
補
鬧</small> 平方飜法開之 得長 以長除積 得平

合問

역자 주해

해법에서 천원술을 이용해서 제시한 풀이 과정을 다음과 같이 현대식으로 나타낼 수 있다.

주어진 조건을 정리하면 길이의 109배에서 너비의 122배를 뺀 값은 2288제곱보다. 길이를 x 보라고 하면, $109x - 2288$은 너비의 122배다. 그러므로 $x(109x - 2288)$은 넓이의 122배다. 넓이의 단위를 '무'에서 '제곱보'로 바꾸고 122배 하면 다음과 같다.

11.9무 $\times 122$

$\quad = \{(11.9 \times 240)$무$\} \times 122$

$\quad = 22856$보 $\times 122 = 348432$보

그러므로 다음과 같은 개방식 (방정식)을 얻는다.

$-2288x + 109x^2 = 348432,$

$-348432 - 2288x + 109x^2 = 0$

$$
\begin{aligned}
&ab = 22856, \\
&\tfrac{2}{11}(a+b) + \tfrac{7}{13}(a-b) \\
&+ \tfrac{5}{8}b - (a-b) = b + 2, \\
&208(a+b) + 616(a-b) \\
&+715(2b-a) = 1144b + 2288, \\
&109a - 122b = 2288, \\
&x = a, \\
&109x - 2288 = 122b, \\
&x(109x - 2288) = 122ab \\
&= 348432
\end{aligned}
$$

해법에서 이 방정식을 푸는 과정은 제시하지 않았지만, 앞에서 설명한 증승개방법을 풀면 다음과 같다.

❺ 개방석쇄문 **197**

상		60	60	60	60	60
실	−348432 →	−348432 →	−348432 →	−93312 →	−93312 →	−93312
방법	−2288	−22880	42520	42520	107920	10792
염법	109	10900	10900	10900	10900	109

상		68	68	68
실	→	−93312 →	−93312 →	0
방법		10792	11664	11664
염법		109	109	109

하-5-16. 지금 있는 직사각형 밭의 넓이는 19.6무다. 다만, 길이의 $\frac{3}{4}$, 너비의 $\frac{1}{4}$, 길이와 너비의 화(합)의 $\frac{1}{2}$, 길이와 너비의 교(차)의 $\frac{2}{3}$ 를 모두 더하면 길이의 2배보다 $2\frac{1}{3}$ 보 작다고 한다. 길이와 너비는 각각 얼마인가?

今有直田一十九畝六分 只云 長取強半 平取弱半 和取中半 較取太半 爲共不及二長二步少半步 問長平各幾何

답   너비 56보

     길이 84보

答曰   平 五十六步

     長 八十四步

해법 그림
4	길이	3
4	너비	1
2	화	1
3	교	2
에 따라 산대를 펴고, 분모를 분자에 엇갈려 곱한

다. 「길이 72개, 너비 24개, 화 48개, 교 64개를 얻는다.」 분모를 서로 곱하면 96을 얻는다. 이를 미치지 못하는 것에 곱하면 224보를 얻는다. 「별도로 길이의 8배에서 너비의 8배를 뺀 나머지는 교의 8배다. 이제 8로 나누면 28보를 얻고, 교의 1배, 즉 길이의 1배에서 너비의 1배를 뺀 나머지가 된다.」 천원 하나 $\boxed{\begin{smallmatrix}0\\1\end{smallmatrix}}$ 을 세우고 너비로 한다. 28보를 더해 넣으면 길이 $\boxed{\begin{smallmatrix}28\\1\end{smallmatrix}}$ 이 된다. 너비를 써서 곱하면 넓이 $\boxed{\begin{smallmatrix}0\\28\\1\end{smallmatrix}}$ 을 얻고 왼쪽에 맡겨둔다. 무를 놓고 240을 곱해서 왼쪽에 맡겨둔 것과 서로 없애면 개방식 $\boxed{\begin{smallmatrix}-4704\\28\\1\end{smallmatrix}}$ 을 얻는다. 평방을 풀면 너비를 얻는다. 넓이를 너비를 나누면 길이를 얻는다.

術曰 依圖布筭 $\boxed{\begin{smallmatrix}長 & 闊\\ 平 & \\ 和 & \\ 較 & \end{smallmatrix}}$ 母互乘子 「得長七十二箇 平二十四箇 和四十八箇 較六十四箇」 分母相乘 得九十六 以乘不及 得二百二十四步 「別得八長 內減八平 餘八較 今從省八約之 得二十八步 爲一較 卽一長內減一平」 立天元一 爲平 $\dot{|}$ 加入二十八步 爲長 $\overset{\text{丌}}{|}$ 用平乘起 爲積 $\overset{\text{丌}}{|}$ 寄左 列畝 以二百四十乘之 與寄左數 相消 得開方式 $\overset{\text{丌}}{\underset{|}{\equiv}}$ 平方開之 得平 以平除積 得長也

🌸 • 역자 주해 •

해법에서 천원술을 이용해서 제시한 풀이 과정을 다음과 같이 현대식으로 나타낼 수 있다.

주어진 조건을 정리하면 길이에서 너비를 뺀 값은 28보다. 너비를 x 보라고 하면, $x+28$은 길이다. 그러므로 $x(x+28)$은 넓이다. 넓이의 단위를 '무'에서 '제곱보'로 바꾸면 다음과 같다.

$$19.6무 \times 240 = 4704보$$

그러므로 다음과 같은 개방식(방정식)을 얻는다.

$$28x+x^2 = 4704,$$
$$-4704+28x+x^2 = 0$$

b

$$ab = 4704,$$
$$\frac{3}{4}a + \frac{1}{4}b + \frac{1}{2}(a+b)$$
$$+ \frac{2}{3}(a-b) = 2a - 2\frac{1}{3},$$
$$72a+24b+48(a+b)$$
$$+64(a-b) = 192a-224,$$
$$8a-8b = 224,$$
$$a-b = 28,$$
$$x = b,$$
$$x+28 = a,$$
$$x(x+28) = ab = 4704$$

a

해법에서 이 방정식을 푸는 과정은 제시하지 않았지만, 앞에서 설명한 증승개방법을 풀면 다음과 같다.

상		50	50	50	50	50	56	56
실	$-4704\rightarrow$	$-4704\rightarrow$	$-4704\rightarrow$	$-804\rightarrow$	$-804\rightarrow$	$-804\rightarrow$	$-804\rightarrow$	0
방법	28	280	780	780	1280	128	128	134
염법	1	100	100	100	100	1	1	1

하-5-17. 지금 원형 밭이 하나 있다. 그 안에 정사각형 연못이 있는데, 변이 원주에 접하고 남은 땅이 8무 65.75보다. 다만, 네 호시 각각의 너비가 13보라고 한다. 밭의 지름과 연못의 변은 각각 얼마인가?

今有圓田一段 內有方池 容邊而占之 外餘地 八畝六十五步 七分半 只云 四弧矢各闊一十三步 問圓徑池方各幾何

답   밭의 지름 91보
       연못의 변 65보

答曰   圓徑 九十一步
       池方 六十五步

해법 천원 하나 $\boxed{\begin{smallmatrix}0\\1\end{smallmatrix}}$ 을 세우고 원의 지름으로 하자. 그 안에서 말한 수의 두 배를 뺀다. 남는 것 $\boxed{\begin{smallmatrix}-26\\1\end{smallmatrix}}$ 이 연못의 변이 된다. 제곱하고 4를 곱한 $\boxed{\begin{smallmatrix}2704\\-208\\4\end{smallmatrix}}$ 는 정사각형 넓이의 4배가 된다. 왼쪽에 맡겨둔다. 또 원의 지름을 놓고 제곱해서 3을 곱한 $\boxed{\begin{smallmatrix}0\\0\\3\end{smallmatrix}}$ 역시 원 넓이의 4배가 된다. 그 안에서 왼쪽에 맡겨둔 것을 뺀 $\boxed{\begin{smallmatrix}-2704\\208\\-1\end{smallmatrix}}$ 을 다시 맡겨둔다. 무를 놓고 보로 환산해서 아랫수를 더하고 4배한다. 다시 맡겨둔 것과 서로 상쇄하면 개방식 $\boxed{\begin{smallmatrix}10647\\-208\\1\end{smallmatrix}}$ 을 얻는다. 평방을 풀면 원의 지름을 얻는다. 그 안에서 말한 수의 배를 빼면 남

는 것이 바로 연못의 변이다. 문제에 맞는다.

術曰 立天元一 爲圓徑 ┃ 內減倍之云數 ┃ 餘爲池方面 自之 就分

四之 爲四段方積 ┃ 寄左 又列圓徑 自之 三因 ┃┃┃ 亦爲四段圓

積 內減寄左 ┃ 再寄 列畝 通步內子 四之 與再寄相消 得開

方式 ┃ 平方開之 得圓徑 內減倍之云數 餘卽池方 合問

❀ • 역자 주해 •

해법에서 천원술을 이용해서 제시한 풀이 과정을 다음과 같이 현대식
으로 나타낼 수 있다.

원의 지름을 x 보라고 하면, 그에 내접
하는 정사각형의 한 변의 길이는 $(x-26)$
보다. 그러므로 $4(x-26)^2 = 4x^2 - 208x + 2704$ 는 정사각형 넓이의 4배다. $3x^2$ 은 원
넓이의 4배이므로 다음은 네 호시 넓이의
합의 4배다.

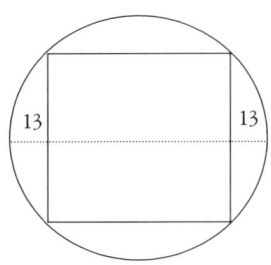

$$3x^2 - (4x^2 - 208x + 2704) = -x^2 + 208x - 2704$$

한편, 네 호시 넓이의 4배를 단위를 바꾸면 다음과 같다.

(8무 65.74보) × 4 = 1985.75보 × 4 = 7943보

그러므로 다음과 같은 개방식(방정식)을 얻는다.

$$7943 = -x^2+208x-2704, \quad x^2-208x+10647 = 0$$

해법에서 이 방정식을 푸는 과정은 제시하지 않았지만, 앞에서 설명한 증승개방법을 풀면 다음과 같다.

상		90		90		90	90	90	91	91	91
실	10647 →	10647 →	10647 →		27 →	27 →	27 →	27 →	27 →		0
방법	−208	−2080	−1180		−1180	−280	−28	−28	−27		−27
염법	1	100	100		100	100	1	1	1		1

하-5-18. 지금 정사각형 밭이 있다. 그 안에 둥근 연못이 있는데, 이것이 차지하고 남은 땅이 2무 6보라고 한다. 다만, 사각경의 각 길이는 9.9보라고 한다. 연못의 지름과 정사각형 밭의 변은 각각 얼마인가?

今有方田 內有圓池 占之外餘地 二畝六步 只云 四角徑 各長九步九分 問池徑田方各幾何

답 연못의 지름 18보
정사각형 밭의 변 27보

答曰 池徑 一十八步

田方 二十七步

해법 천원 하나 $\boxed{\begin{matrix}0\\1\end{matrix}}$ 을 세우고 연못의 지름이라 하자. 말한 수를 두 배해서 더해 넣으면 정사각형의 대각선이 된다. 5를 곱한 $\boxed{\begin{matrix}99\\5\end{matrix}}$ 는 정사각형 모양 밭의 변 길이의 7배가 된다. 제곱한 $\boxed{\begin{matrix}9801\\990\\25\end{matrix}}$ 는 넓이의 49배가 된다. 4를 곱한 $\boxed{\begin{matrix}39204\\3960\\100\end{matrix}}$ 은 넓이의 196배가 되고 왼쪽에 맡겨둔다. 또 원의 지름을 놓고 제곱해서 3을 곱하면 원 넓이의 4배가 된다. 49를 곱한 $\boxed{\begin{matrix}0\\0\\147\end{matrix}}$ 은 또 원 넓이의 196배가 된다. 왼쪽에 맡겨둔 것에서 뺀 $\boxed{\begin{matrix}39204\\3960\\-47\end{matrix}}$ 을 다시 맡겨둔다. 무를 놓고 보로 환산해서 아랫수를 더한다. 196을 곱해서 다시 맡겨둔 것과 서로 없애면 개방수식 $\boxed{\begin{matrix}-56052\\3960\\-47\end{matrix}}$ 을 얻는다. 평방을 풀면 연못의 지름을 얻는다. 각경(角徑)을 두 배해서 더해 넣고 5배해서 7로 나누면 밭의 변을 얻는다. 문제에 맞는다.

術曰 立天元一 爲池徑 ┃ 加入倍之云數 爲方斜 就分五之 爲七段方田 ▦ 自之 爲四十九段方積 ▦ 就分四之 爲一百九十六段方積也 ▥ 寄左 又列圓徑 自之 三因 爲四段圓積 就以四十九乘之 ▦ 亦爲一百九十六段圓積 以減寄左 ▦ 再寄 列畝 通步內

산학계몽 하

子 以一百九十六乘之 與再寄 相消 得開方數式 ^{四次} 平方開之
得池徑 加入倍之角徑 五之七而一 得田方 合問

역자 주해

해법에서 천원술을 이용해서 제시한 풀이 과정을 다음과 같이 현대식
으로 나타낼 수 있다.

원의 지름을 x 보라고 하면, 정사각형의 대각선은 $(x+2 \times 9.9)$ 보다.
$5(x+2 \times 9.9) = 5x+99$ 보는, 문제 ≪중-1-15≫의 역자 주해에서 설명한 '방5
사7'의 원리에 따라, 정사각형 한 변의 길이의 7배다. 이의 제곱의 4배인
$4(5x+99)2 = 100x2+3960x+39204$ 는 정사각형 넓이의 196배다. $3x^2$ 은 원
넓이의 4배고, $49 \times 3x^2 = 147x^2$ 은 원 넓이의 196배. 그러므로 다음은
땅 넓이의 196배다.

$$(100x^2+3960x+39204) - 147x2$$
$$= -47x^2+3960x+39204$$

한편, 땅 넓이의 단위를 바꾸고
196배를 하면 다음과 같다.

$$(2무 6보) \times 196 = 486보 \times 196 = 95256보$$

그러므로 다음과 같은 개방식(방정식)을 얻는다.

$$-47x^2+3960x+39204 = 95256 \quad -47x^2+3960x-56052 = 0$$

해법에서 이 방정식을 푸는 과정은 제시하지 않았지만, 앞에서 설명한 증승개 방법을 풀면 다음과 같다.

상		10		10		10		10		10
실	-56052 →	-56052 →	-56052 →	-21152 →	-21152 →	-21152
방법	3960	39600	34900	34900	30200	3020
염법	-47	-4700	-4700	-4700	-4700	-47

상		18		18		18
실	→	-21152 →	-21152 →	0
방법	3020	2644	2644
염법	-47	-47	-47

원의 지름이 18보이므로, 정사각형의 한 변의 길이는 '방5사7'의 원리에 의해 다음과 같다.

$$5(18+2 \times 9.9) \div 7 = 5(18+19.8) \div 7 = 5 \times 37.8 \div 7 = 5 \times 5.4 = 27(\text{보})$$

하-5-19. 지금 있는 직사각형 밭의 넓이는 1024보다. 다만, 너비로 길이를 나누고 길이로 너비를 나눈 두 수를 더하면 4.25보를 얻는다고 한다. 길이와 너비는 각각 얼마인가?

今有直積一千二十四步 只云 平除長 長除平 二數相併 得四步二分半 問長平各幾何

답   너비 16보
     길이 64보
答曰 平 四十二步
     長 六十八步

해법 천원 하나 $\begin{array}{|c|}\hline 0\\ 1\\\hline\end{array}$ 을 세우고 소평(小平, 너비를 길이로 나눈 값)이라 하자.
말한 수에서 빼면 남는 것이 소장(小長, 길이를 너비로 나눈 값)이다.

소평을 곱하면 소적(小積) $\begin{array}{|c|}\hline 0\\ 4.25\\ -1\\\hline\end{array}$ 이 된다. 소적 1과 서로 없애면

개방식 $\begin{array}{|c|}\hline 1\\ -4.25\\ 1\\\hline\end{array}$ 을 얻는다. 평방을 풀면 소평 0.25를 얻는다.

다시 천원 하나 $\begin{array}{|c|}\hline 0\\ 1\\\hline\end{array}$ 을 세우고 대장(大長, 길이)이라 하자. 소평을
곱하면 대평(大平, 너비)이 된다. 그것에 대장을 곱하면 대적(大積,

넓이) $\begin{array}{|c|}\hline 0\\ 0\\ 0.25\\\hline\end{array}$ 가 된다. 원래의 넓이와 서로 없애면 개방식 $\begin{array}{|c|}\hline -1024\\ 0\\ 0.25\\\hline\end{array}$

를 얻는다. 평방을 풀면 대장을 얻는다. 소평으로 곱하면 바로
대평이 된다. 문제에 맞는다.

術曰 立天元一 爲小平 ｜ 減云數 餘爲小長 以小平乘之 爲小積 ▦

與小積 一筭 相消 得開方式 ▦ 平方開之 得小平二分五釐

再立天元一 爲大長 ｜ 以乘小平 爲大平 以大長乘之 爲大積式

▦ 與元積 相消 得開方式 ▦ 平方開之 得大長 以小平乘之

卽大平 合問

해법에서 천원술을 이용해서 제시한 풀이 과정을 다음과 같이 현대식으로 나타낼 수 있다.

직사각형의 길이를 a, 너비를 b라 하자. $\dfrac{b}{a} = x$라고 하면, $4.25 - x = \dfrac{a}{b}$이므로 $x(4.25 - x) = \dfrac{b}{a} \times \dfrac{a}{b} = 1$, 즉 $x^2 - 4.25x + 1 = 0$이다. 이를 풀면 $x = 0.25$를 얻는다.

이제, $x = a$라 하면, $0.25x = \dfrac{b}{a} \times a = b$이므로 $0.25x^2 = ab = 1024$를 얻는다. 이차방정식 $0.25x^2 - 1024 = 0$을 풀면 길이를 얻는다.

해법에서 두 이차 방정식을 푸는 과정은 제시하지 않았지만, 앞에서 설명한 증승개방법을 풀면 각각 다음과 같다.

$$
\begin{aligned}
& b \\
& ab = 1024, \\
& \frac{b}{a} + \frac{a}{b} = 4.25, \\
& \frac{b}{a} = x,\ \ 4.25 - x = \frac{a}{b}, \\
& x(4.25 - x) = 1, \\
& x = 0.25 = \frac{b}{a}, \\
& x = a, \\
& 0.25x = \frac{b}{a} \times a = b, \\
& 0.25x^2 = ab = 1024
\end{aligned}
$$

a

$<x^2 - 4.25x + 1 = 0$의 풀이$>$

상	0.2	0.2	0.2	0.2	0.2
실	$1 \rightarrow$	$1 \rightarrow$	$1 \rightarrow$	$0.19 \rightarrow$	$0.19 \rightarrow$	0.19
방법	-4.25	-0.425	-0.405	-0.405	-0.385	-0.0385
염법	1	0.01	0.01	0.01	0.01	0.0001

상	0.25	0.25	0.25
실	→ 0.19 →	0.19 →	0
방법	−0.0385	−0.038	−0.038
염법	0.0001	0.0001	0.0001

$<0.25x2-1024=0$의 풀이$>$

상		60	60	60	60	60
실	−1024 →	−1024 →	−1024 →	−124 →	−124 →	−124
방법	0	0	150	150	300	30
염법	0.25	25	25	25	25	0.25

상	64	64	64
실	→ −124 →	−124 →	0
방법	30	31	31
염법	0.25	0.25	0.25

하-5-20. 지금 있는 직사각형 밭의 넓이는 4096보다. 다만, 너비로 길이를 나누고 길이로 너비를 나눈 두 수를 서로 빼면 3.75보라고 한다. 길이와 너비는 각각 얼마인가?

今有直積四千九十六步 只云 長除平 平除長 二數相減 餘三步七分半 問長平各幾何

답 너비 32보

길이 128보

答曰 平 三十二步

　　　長 一百二十八步

해법 천원 하나 $\boxed{\begin{smallmatrix}0\\1\end{smallmatrix}}$ 을 세우고 소장이라 하자. 그 안에서 말한 수를 빼

고 남은 것은 소평이 된다. 소장을 곱하면 소적 $\boxed{\begin{smallmatrix}0\\-3.75\\1\end{smallmatrix}}$ 이 된다.

소적 하나의 산대와 서로 없애면 개방식 $\boxed{\begin{smallmatrix}-1\\-3.75\\1\end{smallmatrix}}$ 을 얻는다. 평방

을 번법(飜法)으로 풀면 소장 4보를 얻는다. 직사각형의 넓이를
나누어 얻은 1214는 대평의 멱이 된다. 평방을 풀면 대평 32보를
얻는다. 소장을 곱하면 대장을 얻는다. 문제에 맞는다.

術曰 　立天元一 爲小長 ⚏ 內減云數 餘爲小平 以小長乘之 爲小積

▦ 與小積 一筭 相消 得開方式 ▦ 平方飜法開之 得小長四步

以除直積 得一千二十四步 爲大平冪 平方開之 得大平三十二

步 以小長乘之 卽大長也 合問

🌸 • 역자 주해 •

　해법에서 천원술을 이용해서 제시한 풀이 과정을 다음과 같이 현대식
으로 나타낼 수 있다.

　직사각형의 길이를 a, 너비를 b라 하자. $\dfrac{a}{b}=x$ 라고 하면, $x-3.75=\dfrac{b}{a}$ 이

므로 $x(x-3.75)=1$, 즉 $x^2-3.75x-1=0$이다. 이를 풀면 $x=4$를 얻는다.

이제, $4096 \div 4 = 1024 = ab \div \dfrac{a}{b}$

$= b^2$로부터 $b = 32$를 얻고 $a = \dfrac{a}{b} \times$

$b = 4 \times 32 = 132$를 얻는다.

해법에서 이 방정식을 푸는 과정
은 제시하지 않았지만, 앞에서 설명
한 증승개방법을 풀면 다음과 같다.

$$ab = 4096,$$
$$\frac{a}{b} - \frac{b}{a} = 3.75,$$
$$\frac{a}{b} = x, \quad x - 3.75 = \frac{b}{a},$$
$$x(x - 3.75) = 1,$$
$$\text{x} = 4 = \frac{a}{b},$$
$$4096 \div 4 = 1024 = ab \div \frac{a}{b}$$
$$= b^2,$$
$$b = 32$$

<$x^2 - 3.75x - 1 = 0$의 풀이>

상		4	4	4
실	$-1 \;\rightarrow$	$-1 \;\rightarrow$	$-1 \;\rightarrow$	0
방법	3.75	-3.75	0.25	0.25
염법	1	1	1	1

> **하-5-21.** 지금 크고 작은 정사각형 밭이 둘 있는데, 넓이의 합은
> 6529보이다. 다만, 작은 정사각형의 변을 큰 정사각형의 변에 곱
> 하면 3120보를 얻는다고 한다. 큰 정사각형의 변과 작은 정사각
> 형의 변은 각각 얼마인가?
>
> 今有大小方田二段　共積六千五百二十九步　只云　小方面乘大方面
> 得三千一百二十步　問二方面各幾何

답　큰 정사각형의 변 65보

작은 정사각형의 변 48보

答曰 大方面 六十五步

小方面 四十八步

해법 별도로 얻은 지금의 수를 현의 멱이라 하고, 말한 수는 직사각형의 넓이라고 하자. 두 배해서 현의 멱에서 빼면 남는 것은 289보이다. 평방을 풀면 교 17을 얻는다. 천원 하나 $\boxed{\begin{matrix}0\\1\end{matrix}}$ 을 세우고 큰 정사각형의 변이라 하자. 교의 보를 빼면 남는 것은 작은 정사각형의 변 $\boxed{\begin{matrix}-17\\1\end{matrix}}$ 이 된다. 큰 정사각형의 변을 곱하면 직사각형의 넓이가 된다. 다만 말한 수와 서로 없애면 개방식 $\boxed{\begin{matrix}-3120\\-17\\1\end{matrix}}$ 을 얻는다. 평방을 번법(飜法)으로 풀면 큰 정사각형의 변을 얻는다. 교를 빼면 작은 정사각형의 변을 얻는다. 문제에 맞는다.

術曰 別得今數 爲弦羃 云數爲直積 倍之減弦羃 餘有二百八十九步 平方開之 得較一十七步 立天元一爲大方面 ⌷ 以(5)減較步 餘 爲小方面 ⌷ 以大方面乘之 爲直積 ⌷ 與只云數 相消 得開方 式 ⌷ 平方飜法開之 得大方面 減較 卽小方面 合問

🏵 **· 역자 주해 ·**

해법에서 천원술을 이용해서 제시한 풀이 과정을 다음과 같이 현대식으로 나타낼 수 있다.

---

5) '內'자 누락.

큰 정사각형의 한 변의 길이를 a, 작은 정사각형의 한 변의 길이를 b라 하자. 주어진 조건에서 $a^2+b^2=$ 6529이고 $ab=3120$이므로 다음을 얻는다.

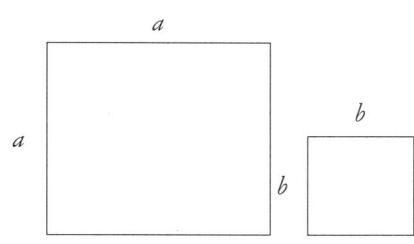

$$(a-b)^2 = (a^2+b^2)-2ab = 289,$$
$$a-b = 17$$

이제, $x=$ a 라 하면 $x-17=b$ 이므로 $x(x-17)=3120$에서 $x=65$를 얻는다.

해법에서 이 방정식을 푸는 과정은 제시하지 않았지만, 앞에서 설명한 증승개방법을 풀면 다음과 같다.

$<x^2-17x-3120=0$의 풀이>

상		60	60	60	60	60
실	$-3120 \rightarrow$	$-3120 \rightarrow$	$-3120 \rightarrow$	$-540 \rightarrow$	$-540 \rightarrow$	-540
방법	-17	-170	430	430	1030	103
염법	1	100	100	100	100	1

상		65	65	65
실	$\rightarrow$	$-540 \rightarrow$	$-540 \rightarrow$	0
방법		103	108	108
염법		1	1	1

하-5-22. 금 크고 작은 정사각형 밭이 둘 있다. 다만, 큰 정사각형 변의 제곱에서 작은 정사각형의 변을 뺀 나머지는 1268보라고 한다. 또, 작은 정사각형 변의 제곱에서 큰 정사각형의 변을 뺀 나머지는 748보라고 한다. 큰 정사각형의 변과 작은 정사각형의 변은 각각 얼마인가?

今有大小方田二段　只云　大方羃內減小方面　餘一千二百六十八步
又云　小方羃內減大方面　餘七百四十八步　問大小方面各幾何

답 큰 정사각형의 변 36보
　　작은 정사각형의 변 28보

答曰 大方面　三十六步
　　　小方面　二十八步

해법 천원 하나 $\boxed{\begin{matrix}0\\1\end{matrix}}$ 을 세우고 작은 정사각형의 변이라 하자. 제곱하고 또 말한 수를 빼면 큰 정사각형의 변 $\boxed{\begin{matrix}-748\\0\\1\end{matrix}}$ 이 된다. 제곱하면 큰 정사각형의 멱 $\boxed{\begin{matrix}559504\\0\\-1496\\0\\1\end{matrix}}$ 이 되고 왼쪽에 맡겨둔다. 또 작은 정사각형의 변 $\boxed{\begin{matrix}0\\1\end{matrix}}$ 을 놓고 먼저 말한 수를 더해 넣은 $\boxed{\begin{matrix}1268\\1\end{matrix}}$ 도 또한 큰 정사각형의 멱이 된다. 왼쪽에 맡겨둔 것과 서로 없애면 개

방식
$$\begin{array}{|c|}\hline 558236 \\ -1 \\ -1496 \\ 0 \\ 1 \\ \hline \end{array}$$
을 얻는다. 삼승방을 번법으로 풀면 작은 정사각형의 변을 얻고 먼저 말한 수를 더해 넣으면 합해서 1296을 얻고 실로 하고 1을 염으로 해서 평방을 풀면 큰 정사각형의 변을 얻는다. 문제에 맞는다.

術曰 立天元一 爲小方面 ┃ 自乘 內減 又云數 爲大方面 ┃ 自之 爲

大方冪 ┃ 寄左 又列小方面 ┃ 加入先云數 ┃ 亦爲大方冪

與寄左 相消 得開方式 ┃ 三乘方飜法開之 得小方面 加入

先云數 共得一千二百九十六 爲實 一爲廉 平方開之 得大方面
合問

❀ ● 역자 주해 ●
_____

해법에서 천원술을 이용해서 제시한 풀이 과정을 다음과 같이 현대식으로 나타낼 수 있다.

큰 정사각형의 한 변의 길이를 a, 작은 정사각형의 한 변의 길이를 b라 하자. 주어진 조건에서 $a^2-b=1268$이고 $b^2-a=748$이다.

이제, $x=b$라 하면 $x^2-748=a$이고 $(x^2-748)^2=x^4-1496x^2+559504=a_2$이다. 그리고 $x+1268=a_2$이므로, 다음을 얻는다.

$x^4 - 1496x^2 + 559504 =$
$x + 1268,$ $x^4 - 1496x2 - x +$
$558236 = 0$

위의 방정식에서 $x = b$
$= 28$을 얻고, $a_2 = 1268 + b$
$= 1296$에서 $a = 36$을 얻는다.

해법에서 이 방정식을 푸는 과정은 제시하지 않았지만, 앞에서 설명한 증승개 방법을 풀면 다음과 같다.

<$x^4 - 1496x^2 - x + 558236 = 0$의 풀이>

상		20	20	20	20	20
실	558236 →	558236 →	558236 →	558236 →	558236 →	119816
방법	−1	−10	−10	−10	−219210	−219210
상염	−1496	−149600	−149600	−109600	−109600	−109600
하염	0	0	20000	20000	20000	20000
우	1	10000	10000	10000	10000	10000

상	20	20	20	20	20	20
실	119816 →	119816 →	119816 →	119816 →	119816 →	119816
방법	−219210	−219210	−278410	−278410	−278410	−278410
상염	−109600	−29600	−29600	−29600	90400	90400
하염	40000	40000	40000	60000	60000	80000
우	10000	10000	10000	10000	10000	10000

상	20	28	28	28	28	28
실	119816 →	119816 →	119816 →	119816 →	119816 →	0
방법	−27841	−27841	−27841	−27841	−14977	−14977
상염	904	904	904	1608	1608	1608
하염	80	80	88	88	88	88
우	1	1	1	1	1	1

하-5-23. 지금 직사각형 밭이 있는데, 넓이는 2065보다. 다만, 길이와 너비의 차를 합에 곱하면 2256보를 얻는다고 한다. 길이와 너비는 각각 얼마인가?

今有直積二千六十五步 只云 較乘和 得二千二百五十六步 問長平各幾何

답　너비 35보

　　길이 59보

答曰　平 三十五步

　　長 五十九步

해법　천원 하나 $\begin{array}{c}0\\1\end{array}$ 을 세우고 너비라 하자. 제곱하면 너비의 멱 $\begin{array}{c}0\\0\\1\end{array}$ 이 된다. 말한 수를 더해 넣으면 길이의 멱이 된다. 또 너비의 멱으로 곱하면 넓이의 멱 $\begin{array}{c}0\\0\\2256\\0\\1\end{array}$ 이 되고 왼쪽에 맡겨둔다. 넓이를 놓

고 제곱해서 왼쪽에 맡겨둔 것과 서로 없애면 개방식

$$\begin{array}{r} -4264225 \\ 0 \\ 2256 \\ 0 \\ 1 \end{array}$$

을 얻는다. 삼승방을 풀면 너비를 얻고 너비로 넓이 를 나누면 길이를 얻는다.

術曰　立天元一 爲平 自之 爲平冪式 加入云數 爲長冪 又以平

冪乘之 爲積冪也 寄左 列積 自之 與寄左 相消 得開方式

三乘方開之 得平 以平除積 得長也

🔹 **· 역자 주해 ·**

해법에서 천원술을 이용해서 제시한 풀이 과정을 다음과 같이 현대식 으로 나타낼 수 있다.

직사각형의 길이를 a, 너비를 b라 하 자. 그러면 $ab = 2065$이고 $(a-b)(a+b)$ $= a_2 - b_2 = 2256$이다. $x = b$ 라고 하면, $x^2 + 2256 = a^2$,이므로 다음이 성립한다.

b

$$ab = 2065,$$
$$(a-b)(a+b)$$
$$= a^2 - b^2 = 2256,$$
$$x = b,$$
$$x^2 + 2256 = a^2,$$
$$x^2(x^2 + 2256) = a^2 b^2$$
$$= 20652 = 4264225$$

a

$$x^2(x^2 + 2256) = a^2 b^2 = 20652 = 4264225,$$
$$x^2 + 2256x^2 - 4264225 = 0$$

해법에서 이 방정식을 푸는 과정은 제시하지 않았지만, 앞에서 설명한 증승개방법을 풀면 다음과 같다.

<$x^2+2256x^2-4264225 = 0$의 풀이>

상		30	30	30	30
실	$-4264225 \rightarrow$	$-4264225 \rightarrow$	$-4264225 \rightarrow$	$-4264225 \rightarrow$	$-4264225 \rightarrow$
방법	0	0	0	0	946800
상염	2256	225600	225600	315600	315600
하염	0	0	30000	30000	30000
우	1	10000	10000	10000	10000

상	30	30	30	30	30
실	$-1423825 \rightarrow$	$-1423825 \rightarrow$	$-1423825 \rightarrow$	$-1423825 \rightarrow$	$-1423825 \rightarrow$
방법	946800	946800	946800	2433600	2433600
상염	315600	315600	495600	495600	495600
하염	30000	60000	60000	60000	90000
우	10000	10000	10000	10000	10000

상	30	30	30	35	35
실	$-1423825 \rightarrow$	$-1423825 \rightarrow$	$-1423825 \rightarrow$	$-1423825 \rightarrow$	$-1423825 \rightarrow$
방법	2433600	2433600	243360	243360	243360
상염	765600	765600	7656	7650	7650
하염	90000	120000	120	120	125
우	10000	10000	1	1	1

상	30	35	35
실	−1423825 →	−1423825 →	0
방법	243360	284765	284765
상염	8285	8285	8285
하염	125	125	125
우	1	1	1

하-5-24. 지금 직사각형 밭이 있다. 길이와 너비를 서로 곱해서 실이라고 하자. 그것의 제곱근을 구해서 얻은 수를 길이와 너비의 화(합)에 더하면 129보를 얻는다. 다만, 길이와 너비의 차는 39보라고 한다. 길이와 너비는 각각 얼마인가?

今有直田 長平相乘爲實 平方開之 得數 加長平和 得一百二十九步
只云 差三十九步 問長平各幾何

답   너비 25보

       길이 64보

答曰   平 二十五步

       長 六十四步

해법 천원 하나를 세우고 화 $\boxed{\begin{smallmatrix}0\\1\end{smallmatrix}}$ 이라 하자. 먼저 말한 수에서 빼고 남는 것은 개방수 $\boxed{\begin{smallmatrix}129\\-1\end{smallmatrix}}$ 가 되고, 제곱해서 4를 곱하면 4개의 직사각형의 넓이 $\boxed{\begin{smallmatrix}66564\\-1032\\4\end{smallmatrix}}$ 가 된다. 또 차의 멱을 더하면 식 $\boxed{\begin{smallmatrix}68085\\-1032\\4\end{smallmatrix}}$ 를 얻고

왼쪽에 맡겨둔다. 화를 놓고 제곱하면 화의 멱 $\boxed{\begin{smallmatrix}0\\0\\1\end{smallmatrix}}$ 이 된다. 왼쪽에

맡겨둔 것과 서로 없애면 개방식 $\boxed{\begin{smallmatrix}68085\\-1032\\3\end{smallmatrix}}$ 을 얻는다. 평방을 풀면
화 89보를 얻고 차를 빼고 반으로 나누면 너비를 얻는다. 차를 더
하고 반으로 나누면 길이를 얻는다. 문제에 맞는다.

術曰 立天元一 爲和 ︙ 以减先云 餘爲開方數 ⚏ 自之 就分四之 爲

四段直積 ⚏ 又加差冪 得式 ⚏ 寄左 列和 自之 爲和冪

︒
︙ 與寄左 相消 得開方數式 ⚏ 平方開之 得和八十九步 減
差半之 平得6) 加差半之 卽長 合問

🌸 • **역자 주해** •

─────────────────────────────

  해법에서 천원술을 이용해서 제시한 풀이 과정을 다음과 같이 현대식
으로 나타낼 수 있다.

  직사각형의 길이를 a, 너비를 b라 하자. 그러면 조건에서 $\sqrt{ab}+(a+b)$
$=129$이고 $a-b=39$이다.
  이제 $x=a+b$라고 하면, $4(129-x)^2=4ab$ 이다. 그러므로 다음이 성립한다.

$$39^2+4(129-x)^2$$
$$=(a-b)^2+4ab=(a+b)^2=x^2,$$

─────────────────────────

6) '得平'의 오류. 술의에는 이렇게 되어 있음.

$$1521+4(16641-258x+x^2) = x^2,$$

$$3x^2-1032x+68085 = 0$$

해법에서 이 방정식을 푸는 과정은 제시하지 않았지만, 앞에서 설명한 증승개방법을 풀면 다음과 같다.

<$3x^2-1032x+68085 = 0$의 풀이>

b

a

$$\sqrt{ab} +(a+b) = 129,$$
$$a-b = 39,$$
$$x = a+b,$$
$$4(129-x)^2 = 4ab,$$
$$39^2+4(129-x)^2$$
$$= (a-b)^2+4ab$$
$$= (a+b)^2 = x^2$$

상		80	80	80	80	80	89	89	89
실	68085 →	68085 →	68085 →	4725 →	4725 →	4725 →	4725 →	4725 →	0
방법	−1032	−10320	−7920	−7920	−5520	−552	−552	−525	−525
염법	3	300	300	300	300	3	3	3	1

하-5-25. 지금 대, 중, 소 정사각형 밭이 각각 하나씩 있는데, 넓이의 합은 1만 4384보이다. 다만, 변과 변 사이의 교(차)는 똑같고 그 세 정사각형의 변을 더하면 204보라고 한다. 세 정사각형의 변은 각각 얼마인가?

今有大中小方田 各一段 共積一萬四千三百八十四步 只云 方方較等 其三方面相和 得二百四步 問三方面各幾何

답　대 정사각형의 변 84보

중 정사각형의 변 68보

소 정사각형의 변 52보

大方面 八十四步
中方面 六十八步
小方面 五十二步

해법 말한 수를 놓고 3으로 나눈다. 「중 정사각형의 변 68보를 얻는다.」천원 하나 $\boxed{\substack{0\\1}}$ 을 세우고 교라 하자. 중 정사각형의 변을 더해 넣으면 대 정사각형의 변 $\boxed{\substack{68\\1}}$ 이 된다. 제곱하면 대 정사각형의 넓이 $\boxed{\substack{4624\\136\\1}}$ 이 된다. 또 교의 보를 놓고 중 정사각형의 변에서 빼면 남는 것은 소 정사각형의 변 $\boxed{\substack{68\\-1}}$ 이 된다. 제곱하면 소 정사각형의 넓이 $\boxed{\substack{4624\\-136\\1}}$ 이 된다. 또 중 정사각형의 변을 놓고 제곱하면 중 정사각형의 넓이 $\boxed{4624}$ 가 된다. 세 수를 합해서 얻은 것 $\boxed{\substack{13872\\0\\2}}$ 를 왼쪽에 맡겨둔다. 넓이를 놓고 넓이의 합과 왼쪽에 맡겨둔 것을 서로 없애면 개방식 $\boxed{\substack{-512\\0\\2}}$ 를 얻고, 평방을 풀면 교 16보를 얻는다. 중 정사각형의 변을 더하면 대 정사각형의 변을 얻고 중 정사각형의 변에서 교를 빼면 바로 소 정사각형의 변이다.

術日 列云數 三約之 「得中方面六十八步」 立天元一 爲較 加入中方面 爲大方面 自之 爲大方積 又列較步 減中方面 餘爲小方面 自之 爲小方積 又列中方面 自乘 爲中方積 三位併得 寄左 列積 與寄左 相消 得開方數式 平方開之 得較一十

六步 加中方面 得大方面 中方面減較 卽小方面也

羅氏 識誤 又列較步 減中方面 案較爲天元無步數也 又中方面非減
數據術步當作以

 • 역자 주해 •

해법에서 천원술을 이용해서 제시한 풀이 과정을 다음과 같이 현대식
으로 나타낼 수 있다.

대, 중, 소 정사각형의 한 변의 길이를 차례로 a, b, c 라 하자. 주어진
조건은 다음과 같다.

$a^2+b^2+c^2 = 14384,$

$a-b = b-c,$

$a+b+c = 204$

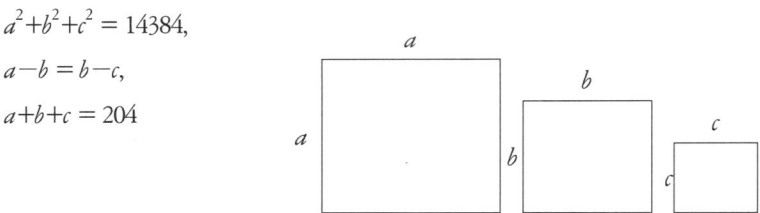

우선 $a+b+c = 3b$이므로, $b = 204 \div 3 = 68$이다.

이제 $x = a-b = b-c$ 라고 하면, $a_2 = (x+68)^2 = x^2+136x+4624$ 이다.

그리고 $c^2 = (x-68)^2 = x^2-136x+4624$ 이다.

그러므로 다음을 얻는다.

$$14384 = a^2+b^2+c^2 = (x^2+136x+4624)+4624+(x^2-136x+4624)$$
$$= 2x^2+13872,$$

$2x^2-512 = 0$

해법에서 이 방정식을 푸는 과정은 제시하지 않았지만, 앞에서 설명한 증승개 방법을 풀면 다음과 같다.

<$2x^2 - 512 = 0$의 풀이>

상		10	10	10	10	10	16	16	16
실	$-512 \rightarrow$	$-512 \rightarrow$	$-512 \rightarrow$	$-312 \rightarrow$	$-312 \rightarrow$	$-312 \rightarrow$	$-312 \rightarrow$	$-312 \rightarrow$	0
방법	0	0	200	200	400	40	40	52	52
염법	2	200	200	200	200	2	2	2	2

하-5-26. 지금 고율·휘율·밀률을 따르는 원형 밭이 각각 하나씩 있는데, 넓이의 합은 $5671\frac{13}{50}$ 보이다. 다만, 고법을 따르는 밭의 지름은 밀률을 따르는 밭의 지름보다 7보 작고, 밀률을 따르는 밭의 지름은 휘율을 따르는 밭의 지름보다 7보 작다고 한다. 세 원형 밭의 지름은 각각 얼마인가?

今有古徽密率圓田 各一段 共積五千六百七十一步 五十分步之十三
只云 古徑不及密徑七步 密徑不及徽徑七步 問三圓徑各幾何

답　고법을 따르는 밭의 지름 42보
　　밀율을 따르는 밭의 지름 49보
　　휘율을 따르는 밭의 지름 56보

術曰　古徑 四十二步
　　密徑 四十九步
　　徽徑 五十六步

해법 천원 하나 $\boxed{\begin{matrix}0\\1\end{matrix}}$ 을 세우고 고율의 지름이라 하자. 제곱하고 3을 곱하면 고율의 넓이의 41배다. 700을 곱하면 2800개의 고적 $\boxed{\begin{matrix}0\\0\\2100\end{matrix}}$ 이 된다. 또 고율의 지름을 놓고 7보를 더하면 밀률의 지름 $\boxed{\begin{matrix}7\\1\end{matrix}}$ 이 된다. 제곱하고 또 22를 곱하면 28개의 밀률의 넓이 $\boxed{\begin{matrix}1078\\308\\22\end{matrix}}$ 가 된다. 100을 곱하면 2800개의 밀률의 넓이 $\boxed{\begin{matrix}107800\\30800\\2200\end{matrix}}$ 이 된다. 또 밀률의 지름을 놓고 7보를 더하면 휘율의 지름 $\boxed{\begin{matrix}14\\1\end{matrix}}$ 이 된다. 제곱하고 또 157을 곱하면 200개의 휘율의 넓이 $\boxed{\begin{matrix}30772\\4396\\157\end{matrix}}$ 이 된다. 14를 곱하면 역시 2800개의 휘율의 넓이 $\boxed{\begin{matrix}430808\\61544\\2198\end{matrix}}$ 이 된다. 세 자리를 합한 $\boxed{\begin{matrix}538608\\92344\\6498\end{matrix}}$ 을 자리에 맡겨둔다. 넓이 5671보를 놓고 분모와 곱해서 분자를 더해서 56을 곱해서 자리에 맡겨둔 것과 서로 없애면 개방수식 $\boxed{\begin{matrix}-15340920\\92344\\6498\end{matrix}}$ 을 얻고 평방을 풀면 고율의 지름을 얻는다. 차 7을 더하면 밀률의 지름을 얻고 또 7을 더하면 휘율의 지름을 얻는다.

術曰 立天元一 爲古徑 $\dagger$ 自之 三因 爲四段古積 就以七百乘之 爲二千八百段古積 🔲 又列古徑 加七步 爲密率徑 $\dagger$ 自之 又二十二乘之 爲二十八段密率積 🔲 就以一百乘之 爲二千八百段密積也 🔲 又列密徑 加七步 爲徽徑 $\dagger$ 自之 又以一百五十七

乘之 爲二百段徽積　　就以十四乘之 亦爲二千八百段徽積也

三位倂之　　寄位 列積五千六百七十一步 通分內

子 以五十六乘之 與寄位 相消 得開方數式　　　平方開之
得古徑 加差七 得密徑 又加七 得徽徑也

❋ • 역자 주해 •

　해법에서 천원술을 이용해서 제시한 풀이 과정을
다음과 같이 현대식으로 나타낼 수 있다.
　고율을 따르는 원의 지름을 x 보라고 하면, 밀률
과 휘율을 따르는 원의 지름은 각각 $(x+7)$보와 $(x+14)$보이다. 그리고 넓이의 2800배는 다음과 같다.

고적 : $2800 \times \dfrac{3}{4}x^2 = 700 \times 3x^2 = 2100x^2,$

밀적 : $2800 \times \dfrac{22}{28}x^2 = 100 \times 22(x+7)^2$

$\qquad\qquad = 2200(x^2+14x+49)$

$\qquad\qquad = 2200x^2+30800x+107800,$

휘적 : $2800 \times \dfrac{157}{200}x^2 = 14 \times 157(x+14)^2$

$\qquad\qquad = 2198(x^2+28x+196)$

$\qquad\qquad = 2198x^2+61544x+430808$

한편, 세 원 넓이의 합의 2800배는 다음과 같다.

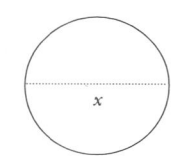

$$2800 \times 5671\,\frac{13}{50} = 2800 \times \frac{283563}{50}$$
$$= 56 \times 283563 = 15879528$$

그러므로 다음을 얻는다.

$$2100x^2+(2200x^2+30800x+107800)+(2198x^2+61544x+430808)$$
$$= 15879528,$$
$$6498x^2+92344x+538608 = 15879528,$$
$$6498x^2+92344x-15340920 = 0$$

해법에서 이 방정식을 푸는 과정은 제시하지 않았지만, 앞에서 설명한 증승개방법을 풀면 다음과 같다.

상		40		40		40		40
실	-15340920	→	-15340920	→	-15340920	→	-1248760	→	-1248760
방법	92344		923440		3523040		3523040		6122640
염법	6498		649800		649800		649800		649800

상		40		42		42		42
실	→	-1248760	→	-1248760	→	-1248760	→	0
방법		612264		612264		625262		625262
염법		6498		6498		6498		6498

하-5-27. 지금 원형 밭이 하나 있다. 둘레를 실이라 하고 제곱근을
구하여 얻은 수를 원의 넓이에 더하면 114보를 얻는다. 둘레와
지름은 각각 얼마인가?

今有圓田一段 周爲實 平方開之 得數 加入圓積 共得一百一十四步
問周徑各幾何

답　둘레 36보
　　　지름 12보

答曰　周 三十六步
　　　徑 一十二步

해법　천원 하나 $\begin{array}{c}0\\1\end{array}$ 을 세우고 원의 지름이라고 하자. 제곱하고 3을 곱

하면 원의 넓이의 4배다. 전체 더한 수로 얻은 것의 4배에서 빼

고 남는 것 $\begin{array}{c}456\\0\\-3\end{array}$ 은 바깥 둘레의 제곱근의 4배가 된다. 제곱하

면 바깥 둘레의 16배 $\begin{array}{c}207936\\0\\-2736\\9\end{array}$ 가 되고 왼쪽에 맡겨 둔다. 지름

을 놓고 3배하면 바깥 둘레가 된다. 16을 곱하여 얻은 것 $\begin{array}{c}0\\48\end{array}$ 을

왼쪽에 맡겨둔 것과 서로 없애면 개방수식 $\begin{array}{c}207936\\-48\\-2736\\9\end{array}$ 를 얻는다.

삼승방을 번법으로 풀면 원의 지름 12보를 얻고 3배하면 바로

원둘레 36보이다.

術曰 立天元一 爲圓徑 $\mathbf{|}$ 自之 三因 爲四段圓積 以減四之共數得 翽

餘爲四箇 外周開方數 自乘 爲十六箇外周也 翽 寄左 列徑三之

爲外周 以十六乘之 得 翽 與寄左 相消 得開方數式 翽 三乘

方龤法開之 得圓徑十二步 三之 卽周三十六步也

❀ • 역자 주해 •

해법에서 천원술을 이용해서 제시한 풀이 과정을 다음과 같이 현대식으로 나타낼 수 있다.

원의 둘레를 l, 넓이를 S 라 하면, $\sqrt{l} + S = 114$이다. $x = d$ 라고 하면, 다음을 얻는다.

$$4\left(114 - \frac{3}{4}x^2\right) = 4\sqrt{l} \ , \quad 456 - 3x^2 = 4\sqrt{l} \ ,$$
$$(456 - 3x^2)^2 = (4\sqrt{l})^2, \quad 207936 - 2736x^2 + 9x^4 = 16l$$

$3x = 3d = l$ 이고, $48x = 16l$ 이므로 다음이 성립한다.

$$207936 - 2736x^2 + 9x^4 = 48x,$$
$$207936 - 48x - 2736x^2 + 9x^4 = 0$$

해법에서 이 방정식을 푸는 과정은 제시하지 않았지만, 앞에서 설명한 증승개방법을 풀면 다음과 같다.

$$<207936-48x-2736x^2+9x^4 = 0의\ 풀이>$$

상		10	10	10	10	10
실	207936 →	207936 →	207936 →	207936 →	207936 →	23856
방법	−48	−480	−480	−480	−184080	−184080
상염	−2736	−273600	−273600	−183600	−183600	−183600
하염	0	0	90000	90000	90000	90000
우	9	90000	90000	90000	90000	90000

상	10	10	10	10	10	10
실	→ 23856	→ 23856	→ 23856	→ 23856	→ 23856	→ 23856
방법	−184080	−184080	−187680	−187680	−187680	−18768
상염	−183600	−3600	−3600	266400	266400	2664
하염	180000	180000	180000	270000	360000	360
우	90000	90000	90000	90000	90000	9

상	12	12	12	12	12
실	→ 23856	→ 23856	→ 23856	→ 23856	→ 0
방법	−18768	−18768	−18768	−11928	−11928
상염	2664	2664	3420	3420	3420
하염	360	378	378	378	378
우	9	9	9	9	9

하-5-28. 금 정사각뿔대가 있는데, 부피는 258자다. 다만, 높이는
아래 모서리보다 2자 작지만, 위 모서리보다는 1자 크다고 한다.
위와 아래 모서리 및 높이는 각각 얼마인가?

今有方臺一所 計積二百五十八尺 只云 臺高不及下方二尺 却多如
上方一尺 問上下方及高各幾何

답 위 모서리 5자
　　아래 모서리 8자
　　높이 6자

答曰 上方 五尺
　　　下方 八尺
　　　高 六尺

해법 천원 하나 $\begin{smallmatrix}0\\1\end{smallmatrix}$ 을 세우고 위 모서리라고 하자. 1자를 더해 넣은
$\begin{smallmatrix}1\\1\end{smallmatrix}$ 은 뿔대의 높이가 된다. 높이에 2자를 더한 $\begin{smallmatrix}3\\1\end{smallmatrix}$ 은 아래 모서리
가 된다. 제곱하면 $\begin{smallmatrix}9\\6\\1\end{smallmatrix}$ 을 얻고, 또 위 모서리를 제곱하면 $\begin{smallmatrix}0\\0\\1\end{smallmatrix}$ 을
얻고, 위와 아래 모서리를 곱하면 $\begin{smallmatrix}0\\3\\1\end{smallmatrix}$ 을 얻는다. 세 자리를 더하

고 또 높이를 곱하면 정사각뿔대의 부피의 3배 $\begin{smallmatrix}9\\18\\12\\3\end{smallmatrix}$ 을 얻고 왼쪽
에 맡겨둔다. 부피를 놓고 3배해서 왼쪽과 서로 없애면 개방식

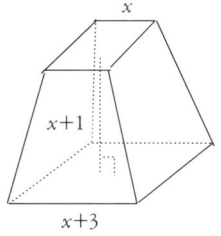을 얻고 입방을 풀면 위 모서리 5자를 얻는다. 1자를 더하면 높이 6자를 얻고 2자를 더하면 아래 모서리 8자를 얻는다. 문제에 맞는다.

術曰 立天元一 爲上方 ┃ 加入一尺 爲臺高 ┃ 高却加二尺 爲下方 ∥∥

自乘 得 ┳ 又上方 自乘 得 ┃ 又上下方 相乘 得 ┃ 三位併之

又以高乘之 爲三段方臺積 ┳ 寄左 列積 三之 與寄左 相消 得

開方式 ┳ 立方開之 得上方五尺 加一尺 得高六尺 就加二尺 得下方八尺 合問

🌸 • 역자 주해 •

해법에서 천원술을 이용해서 제시한 풀이 과정을 다음과 같이 현대식으로 나타낼 수 있다.

부피가 258세제곱자인 정사각뿔대에서, 위 모서리의 길이를 x 라고 하면, 높이는 $x+1$이고 아래 모서리의 길이는 $x+3$이다. 그러므로 부피 V의 3배는 다음과 같다.

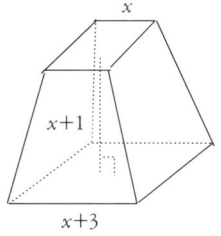

$$3V = (x+1)\{x^2+(x+3)^2+x(x+3)\}$$

$$= (x+1)\{x^2+(x^2+6x+9)+(x^2+3x)\}$$
$$= (x+1)(3x^2+9x+9)$$
$$= 3x^3+12x^2+18x+9$$

부피의 3배는 3 × 258 = 774이므로 다음을 얻는다.

$$3x^3+12x^2+18x+9 = 774, \quad 3x^3+12x^2+18x-765 = 0$$

해법에서 이 방정식을 푸는 과정은 제시하지 않았지만, 앞에서 설명한 증승개 방법을 풀면 다음과 같다.

<$3x3+12x2+18x-765 = 0$의 풀이>

상		5	5	5	5
실	$-765 \rightarrow$	$-765 \rightarrow$	$-765 \rightarrow$	$-765 \rightarrow$	0
방법	18	18	18	153	153
염법	12	12	27	27	27
우	3	3	3	3	3

하-5-29. 지금 원뿔대가 있는데, 부피는 5040자다. 다만, 위와 아래 둘레를 서로 더하면 108자를 얻는다고 한다. 높이는 위 둘레보다 16자 작다. 위와 아래 둘레 및 높이는 각각 얼마인가?

今有圓臺 一所 計積五千四十尺 只云 上下周相和 得一百八尺 高不及上周一十六尺 問上下周及高各幾何

답 위 둘레 36자

아래 둘레 72자

높이 20자

答曰 上周 三十六尺

下周 七十二尺

高 二十尺

해법 천원 하나 $\boxed{\begin{matrix}0\\1\end{matrix}}$ 을 세우고 뿔대의 높이라 하자. 16자를 더하면 위

둘레 $\boxed{\begin{matrix}16\\1\end{matrix}}$ 이 된다. 서로 더한 수에서 뺀 $\boxed{\begin{matrix}92\\-1\end{matrix}}$ 은 아래 둘레가 된

다. 제곱하면 $\boxed{\begin{matrix}8464\\-184\\1\end{matrix}}$ 이고, 또 위 둘레를 제곱하면 $\boxed{\begin{matrix}256\\32\\1\end{matrix}}$ 이며, 또

위와 아래 서로 곱하면 $\boxed{\begin{matrix}1472\\76\\-1\end{matrix}}$ 을 얻는다. 세 자리를 합하고 또

높이를 곱하면 원뿔대 부피의 36배인 $\boxed{\begin{matrix}0\\10192\\-76\\1\end{matrix}}$ 이 되고 왼쪽에 맡

겨둔다. 부피를 놓고 36을 곱하고 왼쪽에 맡겨둔 것과 서로 없

애면 개방식 $\boxed{\begin{matrix}-181440\\10192\\-76\\1\end{matrix}}$ 을 얻고 입방을 풀면 뿔대의 높이를 얻는

다. 미치지 못하는 것을 더하면 바로 위 둘레이고 또 위 둘레를

서로 더한 수에서 빼면 아래 둘레를 얻는다.

術曰 立天元一 爲臺高 加一十六尺 爲上周 以減於相和數 爲

下周 自乘 又上周 自乘 又上下周 相乘 得 三

位併之 又以高乘之 爲三十六段圓臺積 寄左 列積 以三十

六乘之 與寄左 相消 得開方數式 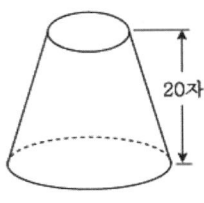 立方開之[7] 得臺高 加

不及 卽上周 又上周減相和數 得下周也

🌸 • 역자 주해 •

———

해법에서 천원술을 이용해서 제시한 풀이 과정
을 다음과 같이 현대식으로 나타낼 수 있다.

부피가 5040세제곱자이고 위와 아래 둘레의 합
이 108자인 원뿔대에서, 높이를 x 라고 하면, 위 둘
레는 $x+16$이고 아래 모서리의 길이는 $108-(x+16)$
$=92-x$ 이다. 그러므로 부피 V 의 36배는 다음과 같다.

$$36V = x\{(92-x)^2+(x+16)^2+(92-x)(x+16)\}$$
$$= x\{(8464-184x+x^2)$$
$$+(x^2+32x+256)+(1472+76x-x^2)\}$$
$$= x(10192-76x+x^2)$$
$$= 10192x-76x^2+x^3$$

부피의 36배는 $36 \times 5040 = 181440$이므로 다음을 얻는다.

$$x^3-76x^2+10192x = 181440, \ x^3-76x^2+10192x-181440 = 0$$

해법에서 이 방정식을 푸는 과정은 제시하지 않았지만, 앞에서 설명한

———

7) 술의에는 ‘鬴法開之’라 되어 있다. 술의가 오자라고 생각됨.

증승개방법을 풀면 다음과 같다.

$<x^3 - 76x^2 + 10192x - 181440 = 0$의 풀이>

상		20	20	20	20
실	$-181440 \rightarrow$	$-181440 \rightarrow$	$-181440 \rightarrow$	$-181440 \rightarrow$	0
방법	10192	101920	101920	90720	90720
염법	-76	-7600	-5600	-5600	5600
우	1	1000	1000	1000	1000

하-5-30. 지금 정사각뿔이 있는데, 부피는 9408자다. 다만, 높이를 실이라 하고 제곱근을 구하여 얻은 수는 아래 모서리보다 22자 작다고 한다. 아래 모서리 및 높이는 각각 얼마인가?

今有方錐 積九千四百八尺 只云 高爲實 平方開之 得數 少如下方二十二尺 問下方及高各幾何

답 아래 모서리 28자

높이 36자

答曰 下方 二十八尺

高 三十六尺

해법 천원 하나 $\begin{array}{c}0\\1\end{array}$ 을 세우고 개방수라고 하자. 제곱하면 높이 $\begin{array}{c}0\\0\\1\end{array}$ 이 된다. 다시 개방수를 놓고 작은 만큼을 더하면 아래 모서리 $\begin{array}{c}22\\1\end{array}$

이 된다. 제곱하고 또 높이를 곱하면 3개의 정사각뿔 부피의 수 $\boxed{\begin{array}{r}0\\0\\484\\44\\1\end{array}}$ 이 된다. 왼쪽에 맡겨둔다. 부피를 놓고 3을 곱해서 왼쪽에 맡겨둔 것과 서로 없애면 개방식 $\boxed{\begin{array}{r}-28224\\0\\484\\44\\1\end{array}}$ 을 얻고 삼승방을 풀면 6자를 얻고 개평방수가 된다. 작은 만큼을 더하면 아래 모서리 28자를 얻고 또 6자를 제곱하면 바로 높이다. 문제에 맞는다.

術曰 立天元一 爲開方數 自乘 爲高也 再列開方數 加少如 爲下方也 自之 只[8]高乘之 爲三段方錐積數也 寄左列積 三之 與寄左 相消 得開方式 三乘方開之 得六尺 爲開平方數 加少如 得下方二十八尺 又六尺 自之 卽高 合問

역자 주해

해법에서 천원술을 이용해서 제시한 풀이 과정을 다음과 같이 현대식으로 나타낼 수 있다.

부피가 9408세제곱자인 정사각뿔에서, 높이의 제곱근을 x 라고 하면, 아래 모서리는 $x+22$이다. 그러므로 부피 V 의 3배는 다음과 같다.

8) 술의에는 '又'로 되어 있다.

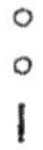

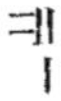

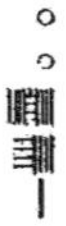

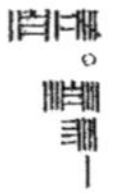

$$3V = x2\,(x+22)^2 = x^2\,(x^2+44x+484)$$
$$= x^4+44x^3+484x^2$$

부피의 3배는 $3 \times 9408 = 28224$이므로 다음을 얻는다.

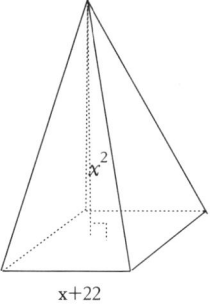

$x+22$

$$x^4+44x^3+484x^2 = 28224,$$
$$x^4+44x^3+484x^2-28224 = 0$$

해법에서 이 방정식을 푸는 과정은 제시하지 않았지만, 앞에서 설명한 증승개방법을 풀면 다음과 같다.

$<x^4+44x^3+484x^2-28224 = 0$의 풀이$>$

상		6	6	6	6	6
실	$-28224 \rightarrow$	$-28224 \rightarrow$	$-28224 \rightarrow$	$-28224 \rightarrow$	$-28224 \rightarrow$	0
방법	0	0	0	0	4704	4704
상렴	484	484	484	784	784	784
하렴	44	44	50	50	50	50
우	1	1	1	1	1	1

하-5-31. 지금 원뿔이 있는데, 부피는 3072자다. 다만, 높이를 실이라 하고 세제곱근을 구하여 얻은 수는 아래 둘레보다 61자 작다. 아래 둘레 및 높이는 각각 얼마인가?

今有圓錐 積三千七十二尺 只云 高爲實 立方開之 得數 不及下周六十一尺 問下周及高各幾何

답 아래 둘레 64자

높이 27자

答曰 下周 六十四尺

高 二十七尺

해법 천원 하나 $\begin{matrix}0\\1\end{matrix}$ 을 세우고 세제곱근의 수라고 하자. 세제곱하면 높

이 $\begin{matrix}0\\0\\0\\1\end{matrix}$ 이 된다. 다시 세제곱근의 수를 놓고 미치지 못하는 것을

더하면 아래 둘레 $\begin{matrix}61\\1\end{matrix}$ 이 된다. 제곱하고 또 높이로 곱한 $\begin{matrix}0\\0\\0\\3721\\122\\1\end{matrix}$

은 부피의 36배가 되고 왼쪽에 맡겨둔다. 부피를 놓고 36을 곱

해서 왼쪽에 맡겨둔 것과 서로 없애면 개방수식 $\begin{matrix}-110592\\0\\0\\3721\\122\\1\end{matrix}$ 을

얻는다. 사승방을 풀면 3자를 얻고 세제곱근의 수가 된다. 미치

지 못하는 것을 더하면 아래 둘레 64자를 얻는다. 또 3자를 놓

고 세제곱하면 높이 27을 얻는다. 문제에 맞는다.

術曰 立天元一 爲開立方數 再自乘 爲高也 再列開立方數 加不

及 爲下周也 自之 又高乘之 爲三十六段積 寄左 列積

三十六乘之 與寄左 相消 得開方數式 　　四乘方開之 得三

尺 爲開立方之數 加不及 得下周六十四尺 又列三尺 再自乘

得高二十七尺 合問

🌸 ・ 역자 주해 ・

해법에서 천원술을 이용해서 제시한 풀이 과정을 다음과 같이 현대식
으로 나타낼 수 있다.

부피가 3072세제곱자인 원뿔에서, 높이의 세제곱근을 x 라고 하면, 아
래 모서리는 $x+61$ 이다. 그러므로 부피 V 의 36배는 다음과 같다.

$$36V = x^3 (x+61)2 = x^3 (x^2+122x+3721)$$
$$= x^5+122x^4+3721x^3$$

부피의 36배는 $36 \times 3072 = 110592$ 이므로 다음을 얻는다.

$$x^5+122x^4+3721x^3 = 110592, \quad x^5+122x^4+3721x^3-110592 = 0$$

해법에서 이 방정식을 푸는 과정은 제시하지 않았지만, 앞에서 설명한
증승개방법을 풀면 다음과 같다.

$$<x^5+122x^4+3721x^3-110592 = 0의 \ 풀이>$$

상		3	3	3	3	3	3
실	−110592 →	−110592 →	−110592 →	−110592 →	−110592 →	−110592 →	0
방법	0	0	0	0	0	36864	36864
상렴	0	0	0	0	12288	12288	12288
이렴	3721	3721	3721	4096	4096	4096	4096
삼렴	122	122	125	125	125	125	125
우	1	1	1	1	1	1	1

하-5-32. 지금 정육면체, 구, 정사각형이 각각 하나씩 있는데, 모든 부피와 넓이의 합은 127만 7724자다. 다만, 구의 지름은 정육면체의 모서리보다 14자 작지만, 정사각형의 변보다는 28자 크다고 한다. 세 개의 길이는 각각 얼마인가?

今有立方立圓平方 各一 共積一百二十七萬七千七百二十四尺 只云 立圓徑 不及 立方面 十四尺 却多平方面 二十八尺 問三事各幾何

답 정육면체의 모서리 98자
구의 지름 84자
정사각형의 변 56자

答曰 立方面 九十八尺
立圓徑 八十四尺
平方面 五十六尺

해법 천원 하나 $\boxed{\begin{smallmatrix}0\\1\end{smallmatrix}}$을 세우고 구의 지름이라 하자. 14자를 더하면 정육면체의 모서리 $\boxed{\begin{smallmatrix}14\\1\end{smallmatrix}}$이 된다. 세제곱하고 또 16을 곱하여 얻은

은 정육면체 부피의 16배가 되고 왼쪽에 맡겨둔다. 또 구

의 지름을 놓고 28자를 빼면 정사각형의 변 $\boxed{\begin{smallmatrix} -28 \\ 1 \end{smallmatrix}}$ 이다. 제곱하

고 또 16을 곱하면 정사각형 넓이의 16배 $\boxed{\begin{smallmatrix} 12544 \\ -896 \\ 16 \end{smallmatrix}}$ 이 되고 왼쪽에

맡겨둔다. 또 구의 지름을 놓고 세제곱해서 9배하면 또한 구 부

피의 16배 $\boxed{\begin{smallmatrix} 0 \\ 0 \\ 9 \end{smallmatrix}}$ 가 된다. 세 자리를 합하면 모든 부피와 넓이의 합

의 16배 $\boxed{\begin{smallmatrix} 56448 \\ 8512 \\ 688 \\ 25 \end{smallmatrix}}$ 가 된다. 다시 맡겨두고 모든 부피와 넓이의 합

을 놓고 16을 곱하고 다시 맡겨둔 것과 서로 없애면 개방식

$\boxed{\begin{smallmatrix} -20387136 \\ 8512 \\ 688 \\ 25 \end{smallmatrix}}$ 를 얻고 입방을 풀면 구의 지름을 얻는다. 미치지 못

하는 것을 더하면 바로 정육면체의 모서리이다. 많은 것을 빼면
정사각형의 변이다.

術曰 立天元一 爲立圓徑 ䷀ 加十四尺 爲立方面 ䷀ 再自乘 又以十

六乘之 得 ䷀ 爲十六段立方積 寄左 又列立圓徑 減二十八

尺 爲平方面也 ䷀ 自之 又十六乘之 爲十六段平方積 ䷀

寄左 又列立圓徑 再自乘 九之 亦爲十六段立圓積 ䷀ 三位倂

❺ 개방석쇄문 243

之⁽⁹⁾爲十六段積　再寄 列共積 十六乘之 與再寄 相消 得

開方式　　立方開之 得立圓徑 加不及 即立方面 減多 即

平方面也

❀ • 역자 주해 •

　해법에서 천원술을 이용해서 제시한 풀이 과
정을 다음과 같이 현대식으로 나타낼 수 있다.

　구의 지름을 x 라고 하면, 정육면체의 모서리
는 $x+14$, 정사각형의 변은 $x-28$이다. 그러므로 모든 부피와 넓이의 합
T 의 16배는 다음과 같다.

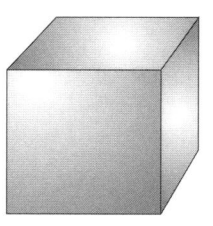

x

$$16T = 16\{(x+14)^3+(x-28)^2+\frac{9}{16}x^3\}$$
$$= 16(x^3+42x^2+588x+2744)$$
$$+16(x^2-56x+784)+9x^3$$
$$= (16x^3+672x^2+9408x+43904)$$
$$+(16x^2-896x+12544)+9x^3$$
$$= 25x^3+688x^2+8512x+56448$$

$x+14$

모든 부피와 넓이의 합의 16배는 $16 \times 1277724 = 20443584$이므로 다음

---

9) 술의에는 '共'이 추가되어 있음

을 얻는다.

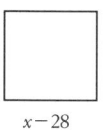

$x-28$

$$25x^3+688x^2+8512x+56448 = 20443584,$$
$$25x^3+688x^2+8512x-20387136 = 0$$

해법에서 이 방정식을 푸는 과정은 제시하지 않았지만, 앞에서 설명한 증승개방법을 풀면 다음과 같다.

$<25x^3+688x^2+8512x-20387136 = 0$의 풀이$>$

상		80	80	80	80
실	-20387136 →	-20387136 →	-20387136 →	-20387136 →	-2502976
방법	8512	85120	85120	2235520	2235520
염법	688	68800	268800	268800	268800
우	25	25000	25000	25000	25000

상	80	80	80	80	84
실	-2502976 →	-2502976 →	-2502976 →	-2502976 →	-2502976
방법	2235520	5985920	5985920	598592	598592
염법	468800	468800	668800	6688	6688
우	25000	25000	25000	25	25

상	84	84	84
실	-2502976 →	-2502976 →	0
방법	598592	625744	625744
염법	6788	6788	6788
우	25	25	25

답 구의 지름 16자

정육면체의 모서리 24자

원의 지름 14자

정사각형의 변 48자

答曰 立圓徑 一十六尺

立方面 二十四尺

平圓徑 一十四尺

平方面 四十八尺

해법 천원 하나 $\begin{array}{|c|}\hline 0 \\ 1 \\\hline\end{array}$ 를 세우고 구의 지름이라 하자. 2자를 빼고 남은 $\begin{array}{|c|}\hline -2 \\ 1 \\\hline\end{array}$ 은 원의 지름이다. 제곱하고 22를 곱하면 넓이의 28배 $\begin{array}{|c|}\hline 88 \\ -88 \\ 22 \\\hline\end{array}$ 가 된다. 4를 곱하면 112개의 밀률의 원의 넓이 $\begin{array}{|c|}\hline 352 \\ -352 \\ 88 \\\hline\end{array}$ 이 된다. 또 구의 지름을 놓고 8자를 더한 $\begin{array}{|c|}\hline 8 \\ 1 \\\hline\end{array}$ 은 정육면체의 모서리

이다. 세제곱하고 또 112를 곱하면 정육면체 부피의 112배 $\boxed{\begin{array}{r}57344\\21504\\2688\\112\end{array}}$가 된다. 또 구의 지름을 놓고 세제곱하고 9를 곱하면 부피의 16배 $\boxed{\begin{array}{r}0\\0\\0\\9\end{array}}$가 된다. 또 7을 곱하면 구 부피의 112배 $\boxed{\begin{array}{r}0\\0\\0\\63\end{array}}$이 된다. 또 정육면체의 모서리를 놓고 2배하면 정사각형의 변 $\boxed{\begin{array}{r}16\\2\end{array}}$이다. 제곱해서 또 112를 곱하면 또한 정사각형 넓이의 112배 $\boxed{\begin{array}{r}28672\\7168\\448\end{array}}$이 된다. 네 자리를 모두 합하면 모든 부피와 넓이의 합의 112배 $\boxed{\begin{array}{r}86368\\28320\\3224\\175\end{array}}$가 되고 왼쪽에 맡겨둔다. 모든 부피와 넓이의 합 1만 8586자를 놓고 112를 곱하면 208만 1632를 얻고 왼쪽에 맡겨둔 것과 서로 없애면 개방식 $\boxed{\begin{array}{r}-1995264\\28320\\3224\\175\end{array}}$를 얻는다. 입방을 풀면 구의 지름 16자를 얻는다. 8자를 더하면 정육면체의 모서리이다. 2자를 빼면 원의 지름이다. 정육면체의 모서리를 두 배하면 바로 정사각형의 변이다. 문제에 맞는다.

術曰 立天元一 爲立圓徑  減二尺 餘爲平圓徑  自之 就以二十二乘之 爲二十八段積 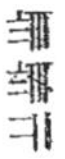 就分四之 爲一百一十二段圓密積 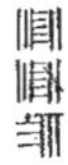 又列立圓徑 加八尺 爲立方面  再自乘 又以一百一十二乘之

爲一百一十二段立方積也　又列立圓徑　再自乘　九因　爲十

六段積　又七之　爲一百一十二段立圓積　又列立方面　二

之　爲平方面　自乘　又以一百一十二乘之　亦爲一百一十二段

平方積也　四位共倂　爲一百一十二段積　寄左　列共

積一萬八千五百八十六尺　以一百一十二乘之　得二百八萬一千

六百三十二　與寄左　相消　得開方式　立方開之　得立圓徑

一十六尺　加八尺　得立方面　減二尺　爲平圓徑　倍立方面　卽平

方面　合問

🏵 • 역자 주해 •

해법에서 천원술을 이용해서 제시한 풀이 과정을 다음과 같이 현대식
으로 나타낼 수 있다.

구의 지름을 x 라고 하면, 원의 지름은 $x-2$, 정육면체
의 모서리는 $x+8$, 정사각형의 변은 $2x+16$이다. 그러므로
모든 부피와 넓이의 합 T의 112배는 다음과 같다.

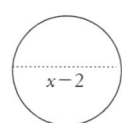

$x-2$

$$112T = 112\left\{\frac{22}{28}(x-2)^2+(x+8)^3+\frac{9}{16}x^3+(2x+16)^2\right\}$$

$$= 4\times22(x^2-4x+4)+112(x^3+24x^2+192x+512)$$

$$+7\times9x^3+112(4x^2+64x+256)$$

$$= (88x^2-352x+352)+(112x^3+2688x^2+21504x+57344)$$

$$+63x^3+(448x^2+7168x+28672)$$

$$= 175x^3+3224x^2+28320x+86368$$

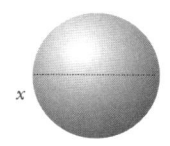

x

모든 부피와 넓이의 합의 112배는 $112\times18586 =$ 2081632이므로 다음을 얻는다.

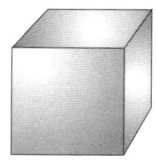

$x+8$

$$175x^3+3224x^2+28320x+86368 = 2081632,$$

$$175x^3+3224x^2+28320x-1995264 = 0$$

해법에서 이 방정식을 푸는 과정은 제시
하지 않았지만, 앞에서 설명한 증승개방법을
풀면 다음과 같다.

$2x+16$

$<175x^3+3224x^2+28320x-1995264 = 0$의 풀이$>$

상		10	10	10	10
실	$-1995264 \rightarrow$	$-1995264 \rightarrow$	$-1995264 \rightarrow$	$-1995264 \rightarrow$	-1214664
방법	28320	283200	283200	780600	780600
염법	3224	322400	497400	497400	497400
우	175	175000	175000	175000	175000

상	10	10	10	10	16
실	$-1214664 \rightarrow$	$-1214664 \rightarrow$	$-1214664 \rightarrow$	$-1214664 \rightarrow$	-1214664
방법	780600	1453000	1453000	145300	145300

염법	672400	672400	847400	8474	8474
우	175000	175000	175000	175	175
상	16	16	16	16	
실	−1214664 →	−1214664 →	−1214664 →	0	
방법	145300	145300	202444	202444	
염법	9524	9524	9524	9524	
우	175	175	175	175	

하-5-34. 지금 정육면체, 구, 정사각형, 고법을 따르는 원, 휘율을 따르는 원이 각각 하나씩 있다. 모든 부피와 넓이의 합은 3만 3622$\frac{37}{200}$자다. 다만, 정육면체의 모서리는 구의 지름보다 4자 작고, 휘율을 따르는 원의 지름보다 3자 크다. 구의 지름은 정사각형 변의 $\frac{1}{3}$이고, 고법을 따르는 원의 둘레는 정육면체의 모서리와 같다. 다섯 개의 길이는 각각 얼마인가?

今有立方立圓平方古圓田徽圓田 各一 共積三萬三千六百二十二尺 二百分尺之 三十七 只云 立方面 不及 立圓徑 四尺 多如徽圓徑三 尺 立圓徑如平方面 三分之一 古圓周與立方面適等 問五事各幾何

답 정육면체의 모서리 24자

구의 지름 28자

정사각형의 변 84자

고법을 따르는 원의 둘레 24자

휘법을 따르는 원의 지름 21자

答曰 立方面 二十四尺

立圓徑 二十八尺

平方面 八十四尺

古圓周 二十四尺

徽圓徑 二十一尺

해법 천원 하나 $\boxed{\begin{array}{c}0\\1\end{array}}$ 을 세우고 정육면체의 모서리라 하자. 「이는 고율을

따르는 원의 둘레이기도 하다.」 4자를 더하면 구의 지름 $\boxed{\begin{array}{c}4\\1\end{array}}$ 이다. 세

제곱해서 9배하면 부피의 16배 $\boxed{\begin{array}{c}576\\432\\108\\9\end{array}}$ 가 된다. 225를 곱하면 구

부피의 3600배 $\boxed{\begin{array}{c}129600\\97200\\24300\\2025\end{array}}$ 가 된다. 또 구의 지름을 놓고 3배하면

정사각형의 변 $\boxed{\begin{array}{c}12\\3\end{array}}$ 이 된다. 제곱하면 정사각형의 넓이가 되고

3600을 곱하면 정사각형 넓이의 3600배 $\boxed{\begin{array}{c}518400\\259200\\32400\end{array}}$ 이 된다. 또 정육

면체의 모서리를 놓고 3자를 빼면 휘율의 원지름 $\boxed{\begin{array}{c}-3\\1\end{array}}$ 이다. 제

곱해서 또 둘레 157을 곱하면 200개의 넓이의 200배 $\boxed{\begin{array}{c}1413\\-942\\157\end{array}}$ 이

된다. 18을 곱하면 휘율의 원의 넓이의 3600배 $\boxed{\begin{array}{c}25434\\-16956\\2826\end{array}}$ 이 된다.

또 고율의 원주를 놓고 「즉 정육면체의 모서리」 제곱하면 넓이의 12

배가 되고 300을 곱하면 고륰의 원의 넓이의 3600배 $\begin{array}{|c|}\hline 0 \\ 0 \\ 300 \\\hline\end{array}$ 이 된다. 또 정육면체의 모서리를 놓고 세제곱하면 1개의 부피가 되고 3600을 곱하면 정육면체의 부피의 3600배 $\begin{array}{|c|}\hline 0 \\ 0 \\ 0 \\ 3600 \\\hline\end{array}$ 이 된다. 다섯 자리를 합하면 $\begin{array}{|c|}\hline 673434 \\ 339444 \\ 59826 \\ 5625 \\\hline\end{array}$ 를 얻고 왼쪽에 맡겨둔다. 모든 부피와 넓이의 합을 놓고 분모와 곱해서 분자를 더하고 18을 곱해서 왼쪽에 맡겨둔 것과 서로 없애면 개방식 $\begin{array}{|c|}\hline -120366432 \\ 339444 \\ 59826 \\ 5625 \\\hline\end{array}$ 를 얻는다. 입방을 풀면 정육면체의 모서리를 얻는다. 고륰의 원주와 같은 수이다. 4자를 더하면 구의 지름을 얻고 3배 하면 정사각형의 변을 얻는다. 또 정육면체의 모서리를 놓고 3자를 빼면 휘륰의 원지름이다. 문제에 맞는다.

術曰 立天元一 爲立方面「亦古圓周」︱ 加(10)四尺 爲立圓徑 ︳ 再自

乘 九因 爲十六段積 ▦ 以二百二十五乘之 爲三千六百段立

圓積 ▦ 又列立圓徑 三之 爲平方面 ▥ 自之 爲平方積 以三

千六百乘之 爲三千六百段平方積也 又列立方面 減三尺

爲徽圓徑也 自之 又周一百五十七乘之 爲二百段積 以

十八乘之 爲三千六百段徽圓積 又列古圓周 「卽立方面」

自之 爲十二段積 以三百乘之 爲三千六百段古圓積 又列立

方面 再自乘 爲一段積 以三千六百乘之 爲三千六百段立方積

五位倂之 得 寄左 列積 通分內子 以十八乘之 與寄

左 相消 得開(11)數式 立方開之 得立方面 古圓周 等數

也 加四尺 得立圓徑 三之 爲平方面 又列立方面 減三尺 卽徽

圓徑也 合問

· 역자 주해 ·

해법에서 천원술을 이용해서 제시한 풀이 과정을 다음과 같이 현대식
으로 나타낼 수 있다.

정육면체의 모서리를 x 라고 하면, 구의 지름은 $x+4$, 정사각형의 변은
$3(x+4) = 3x+12$, 휘율을 따르는 원의 지름은 $x-3$, 고율을 따르는 원의

---

11) '方' 낙자.

둘레는 x 이다. 그러므로 모든 부피와 넓이의 합 T 의
3600배는 다음과 같다.

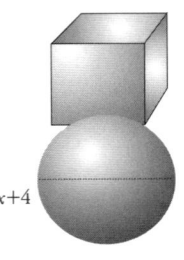

$$3600T = 3600\{x^3 + \frac{9}{16}(x+4)^3 + (3x+12)^2$$
$$+ \frac{157}{200}(x-3)^2 + \frac{1}{12}x^2\}$$
$$= 3600x^3 + 225 \times 9(x^3 + 12x^2 + 48x + 64)$$
$$+ 3600(9x^2 + 72x + 144)$$
$$+ 18 \times 157(x^2 - 6x + 9) + 300x^2$$
$$= 3600x^3 + (2025x^3 + 24300x^2 + 97200x + 129600)$$
$$+ (324009x^2 + 259200x + 518400)$$
$$+ (2826x^2 - 16956x + 25434) + 300x^2$$
$$= 5625x^3 + 59826x^2 + 339444x + 673434$$

$x+4$

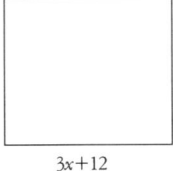

$3x+12$

한편, 모든 부피와 넓이의 합의 3600배는 다음과
같다.

$$3600 \times 33622\frac{37}{200} = 3600 \times \frac{6724437}{200}$$
$$= 18 \times 6724437 = 121039866$$

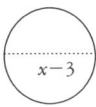

$x-3$

그러므로 다음을 얻는다.

$$5625x^3 + 59826x^2 + 339444x + 673434 = 121039866,$$
$$5625x^3 + 59826x^2 + 339444x - 120366432 = 0$$

$x \div 3$

$x = (둘레)$

해법에서 이 방정식을 푸는 과정은 제시하지 않았지만, 앞에서 설명한

증승개 방법을 풀면 다음과 같다.

$$<5625x^3+59826x^2+339444x-120366432=0의\ 풀이>$$

상		20	20	20
실	-120366432 →	-120366432 →	-120366432 →	-120366432
방법	339444	3394440	3394440	37859640
염법	59826	5982600	17232600	17232600
우	5625	5625000	5625000	5625000

상	20	20	20	20
실	-44647152 →	-44647152 →	-44647152 →	-44647152
방법	37859640	37859640	94824840	94824840
염법	17232600	28482600	28482600	39732600
우	5625000	5625000	5625000	5625000

상	20	24	24	24	24
실	-44647152 →	-44647152 →	-44647152 →	-44647152 →	0
방법	9482484	9482484	9482484	11161788	11161788
염법	397326	397326	419826	419826	419826
우	5625	5625	5625	5625	5625

부록
附

망해도술 양휘산법에서

望海圖術 出楊輝算法

지금 바다 위의 섬을 바라보고 있는데, 높이가 각각 5장인 푯말을 두 개 세웠다. 「장은 마땅히 보로 해야 한다」 그 사이의 거리는 1000보이다. 앞과 뒤의 푯말은 가지런히 나란히 해서 앞의 푯말로부터 123보 물러나서 눈을 땅에 붙이고 섬의 봉우리를 보면 푯말의 끝과 나란히 가지런하고, 다시 뒤의 푯말로부터 127보 물러나서 눈을 땅에 붙이고 섬의 봉우리를 보면 또다시 푯말의 끝과 나란히 가지런하다. 섬의 높이 및 앞의 푯말로부터 섬까지의 거리는 얼마인가?

今有望海島 立二表 各五丈 「丈當作步」 相去千步 前後參直 從前表郤 行一百二十三步 人目著地取望 島峯與前表參齊 復從後表郤行一百 二十七步 人目著地取望 島峯亦與後表參齊 問島高及島距前表幾何

답 섬의 높이 4리 55보
섬과 앞의 푯말 사이의 거리 102리 150보
「6자는 1보고, 300보는 1리다.」

答曰 島高 四里五十五步

島距前表 一百二里一百五十步 「六尺爲一步 三百步爲一里」

해법 푯말의 높이를 푯말 사이의 거리를 곱하고 상다(相多, 두 푯말에서 물러난 거리의 차)를 법으로 해서 나누면 섬의 높이를 얻는다. 앞 푯말에서 물러난 거리를 푯말 사이의 거리에 곱하고 상다를 법으로 해서 나누면 섬이 떨어진 정도를 얻는다.

살펴보면 푯말의 높이는 5보고 푯말 사이의 거리는 1000보다. 앞 푯말에서 물러난 거리는 123보다. 상다는 앞과 뒤 푯말에서 물러난 거리를 서로 빼고 남은 4보다. 1000보 물러날 때마다 4보가 차게 되므로 푯말의 높이에 가득 차게 되면 섬의 높이를 얻는다. 1000보 나아갈 때마다 4보를 빼게 되므로 물러난 거리를 다 빼게 되면 섬이 떨어진 정도를 얻는다. 그러나 섬의 높이는 반드시 다시 표의 높이를 더해야 딱 맞게 된다.

術曰 以表高乘表間 以相多爲法 除之 得島高 以前表卻行乘表間 以相多爲法 除之 得島遠

按表高者 五步也 表間者 千步也 前表卻行者 一百以二十三步也 相多者 前後表卻行 相減之 餘四步也 每退千步 得贏四步 故贏滿表高 是得島高 每進千步 遞減四步 故減盡卻行 是得島遠 然島高必須更加表高方准

왕감안 이것은 삼각 비례의 방법이다. 세상에서 말하길 서양 학문이라고 한다. 흔히 삼각법은 서양 사람에서부터 시작되었다고 하지만 이 풀이법과 『사원옥감』 중 '혹문가단' 첫 번째 문제인 가포초접(葭蒲梢接) 문제는 모두 삼각법을 솜씨 좋게 사용하고 있다. 이때는 태서의 학문이 아직 중국에 들어오지 않았다. 옛사람이 이미 그 방법을 세웠으나 다만 삼각법이라는 이름을 세우지 않았을 뿐이다. 또 그 방법은 모두 구고법에서 빌려 와서 계산을 세우는 것이 유사하다. 구고법으로 대

신할 수 있다. 옛사람이 따로 저술이 있었지만 연기로 사라져 전해지지 않았는지 또 어찌 알겠는가? 혹은 또한 천원술과 같은 것이 서양으로 유입되어 서양 사람에게 차근방이 모방된 것인지 알 수 없다. 이제 『해도산경』의 원래 그림을 제시하고 아래와 같이 그 설명을 간추려 적는다.

鑒案 此三角比例術也 世之言西學者

輒謂三角始於西人 觀此術 及四元玉鑑 或問歌彖 第一問 葭蒲梢接題 皆得三角中妙用 是時 秦西之學 未入中國 古人已立其法 特未立三角之名耳

且其術皆借句股 立筭似 可以句股眩之

又安知古人不另有著術 湮沒不傳

或亦如天元一術 流入外洋 爲西人借根方 所依傍 未可知也

今據海島筭徑原圖 節錄其說如左

그림과 같이 갑을(甲乙)을 섬의 높이라 하자. 병을(丙乙)을 섬까지의 거리라 하면, 신계(辛癸)와 같다. 신병(辛丙)은 앞의 푯말이고, 임정(壬丁)은 뒤의 푯말로 모두 계을(癸乙)과 같다.

정병(丁丙)은 두 푯말 사이의 거리로, 임신(壬辛)과 같다.

병무(丙戊)를 앞의 푯말에서 물러난 거리라 하고, 정경(丁庚)은 뒤의 푯말서 물러난 거리라고 하자.

기경(己庚)은 두 푯말에서 물러난 거리를 서로 빼고 남은 수, 즉 상다(相多)의 보수다.

기경(己庚)을 소유율(있는 비율)이라 하고 임정(壬丁)을 소구율(구하는 비율)로 하며 임신(壬辛)을 소유수(지금 있는 수)라고 하자. 소유수와 소구율을 서로 곱해서 실로 하고,

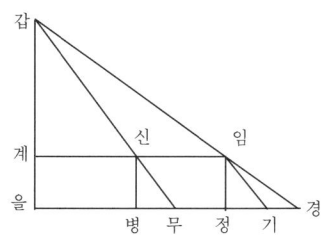

소유율을 법으로 해서 나누면 소구수(구하는 수) 갑계(甲癸)를 얻는다.

풋말의 높이 계을(癸乙)에 더하면 갑을(甲乙)을 얻고 섬의 높이가 된다.

기경(己庚)을 소유율이라 하고 기정(己丁)을 소구율로 하며 임신(壬辛)을 소유수라고 하자. 소유수와 소구율을 서로 곱해서 실로 하고 소유율을 법으로 해서 나누면 소구수 신계(辛癸)를 얻고 섬까지의 거리가 된다.

如圖 甲乙爲島高 丙乙爲島遠 等於辛癸

辛丙爲前表

壬丁爲後表 俱等於癸乙

丁丙爲表間 等於壬辛

丙戌爲前表卻行 丁庚爲後表卻行

己庚爲兩卻行 相減餘數 卽相多步

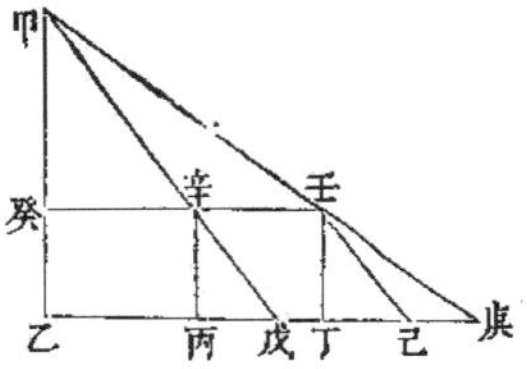

以己庚爲所有率 壬丁爲所求率 壬辛爲今有數

以今有數與所求率相乘 爲實 以所有率爲法 除之 得所求數甲癸

加表高癸乙 得甲乙 爲島高

以己庚爲所有率 己丁爲所求率 壬辛爲今有數

以今有數與所求率相乘 爲實 以所有率爲法 除之 得所求數辛癸 爲島遠

왕김안 작은 삼각형 임기경(壬己庚)과 큰 삼각형 갑신임(甲辛壬)은 서로 닮은 꼴이다.

임정(壬丁)은 작은 삼각형의 바깥쪽 수선이고 갑계(甲癸)는 큰 삼각형의 바깥쪽 수선이다. 기경(己庚)은 작은 삼각형의 밑변이고 임신(壬辛)은 큰 삼각형의 밑변이다. 기정(己丁)은 작은 삼각형의 허구(虛句)이고 신계(辛癸)는 큰 삼각형의 허구(虛句)이다. 그러므로 모두 비례가 있다.

또 살펴보면 기정(己丁)은 곧 앞의 풋말에서 물러난 보수로 병무(丙戌)와 같고 임정(壬丁)과 신병(辛丙)이 같으니, 임기(壬己)는 반드시 신무(辛戌)와 같다.

임기(壬己)는 이미 신무(辛戌)와 같으니 반드시 갑신(甲辛)과 평행이다. 임경(壬庚)은 갑임(甲壬)과 평행이고, 기경(己庚)은 임신(壬辛)과 평행이다. 무릇 이 삼각형의 세 선이 저 삼각형의 세 선과 평행하므로 반드시 닮은꼴이어서 반드시 비례가 있다. 그 설명은 『기하원본』에 있다.

옛사람이 이 책을 보지 않고 법칙을 세웠다. 움직임이 그것과 부합한다고 해서 누가 서양의 방법이 중국을 이긴다고 말할 수 있겠는가?

鑑案 壬己庚小三角形 與甲辛壬大三角形 同式
壬丁係小三角形之外垂線 甲癸係大三角形之外垂線
己庚係小三角形之底 壬辛係大三角形之底
己丁爲小形之虛句 辛癸爲大形之虛句 故俱有比例也
又案 己丁 卽前表却行步 等於丙戊 壬丁與辛丙等 則壬己必等於辛戊
壬己旣等於辛戊 必與甲辛 平行 壬庚與甲壬 平行 己庚與壬辛 平行
凡此形三線 與彼形三線 平行 必同式 必有比例 其說見於幾何原本
古人未見是書而立法 動與之合 誰謂西法勝中國哉

※ · 역자 주해 1 ·

이 문제는 『해도산경』의 첫째 문제로, 양휘의 『속고적기산법』에도 등장하는데, 왕감은 『산학계몽술의』의 뒤에서 이 문제를 인용하고 있다.

해법에서는 섬의 높이 및 섬과 앞 푯말 사이의 거리를 각각 다음과 같이 구했다.

섬의 높이 : $\dfrac{(두\ 푯말사이의\ 거리)\times(푯말의\ 높이)}{(두\ 푯말에서\ 물러난\ 거리의\ 차)}+(푯말의\ 높이)$

$$=\frac{1000\times5}{127-123}+5=\frac{5000}{4}+5=1255(보)=4리\ 55보$$

섬과 푯말 사이 : $\dfrac{(두\ 푯말사이의\ 거리)\times(앞\ 푯말에서\ 물러난\ 거리)}{(두\ 푯말에서\ 물러난\ 거리의\ 차)}$

$$= \frac{1000 \times 123}{127 - 123} = \frac{123000}{4} = 30750(보) = 102리\ 150보$$

위의 해법은 『해도산경』에 있는 유휘의 방법이다. 『구장산술』의 한 영
어 번역서[1])에서는, 양휘가 『속고적기산법』에서 이와 관련된 문제를 풀
때 이용한 방법을 통해, 유휘의 해법이 등장한 이유를 설명하고 있다. 그
과정을 살펴보면 다음과 같다.

가장 기본적인 원리를 오른쪽 그
림으로 설명한다. 직사각형 ABCD의
대각선 BD 위의 점 E을 지나고 각
변과 평행인 선을 긋는다. 그러면 △
BEF∽△EDG이므로 다음을 다음이
성립한다.

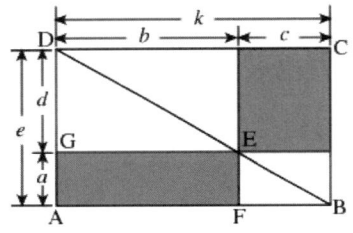

$$\frac{a}{c} = \frac{d}{b}, \quad ab = cd$$

따라서 □AE = □EC이다.

(여기서 □AE는 대각선이 AE인 직사각형을 나타낸다.)

이제, 문 [2-7-9]의 상황을 오른쪽 그림과 같이 나타내고, 위의 기본 원
리를 반복해서 적용해보자.

□KPD$_2$R과 그 대각선 KD$_2$에 대해 □GR = □GP이다. 또, □KMD$_1$R
과 그 대각선 KD$_1$에 대해 □IR = □IM = □GO이다. 그러므로 앞의 식

1) S. Kangshen · J. N. Crossley · A. W.-C. Lun(1999), *The Nine Chapters on the Mathematical Art*,
Oxford University Press, pp.525~528.

264 산학계몽 하

에서 뒤의 식을 빼면, 다음을 얻는다.

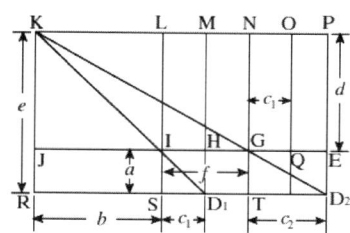

$$\square GS = \square GR - \square IR$$
$$= \square GP - \square GO$$
$$= \square QP,$$

$$af = d(c_2 - c_1),$$
$$RK = d + a$$
$$= \frac{af}{c_2 - c_1} + a,$$

[위의 $\square GR - \square IR$과 $\square GP - \square GO$에서 차를 두 번 시행하고 있다. 이것이 유휘가 중차라고 부른 것이다.]

그리고 $\square IR = \square IM$에서 다음을 얻는다.

窺望海島之圖

$$ab = c_1 d,$$
$$RS = b = \frac{c_1 f}{c_2 - c_1}$$

오른쪽 그림은 청(淸) 시대의 『고금도서집성(古今圖書集成)』에 있는 이와 관련된 삽화이다.

 • 역자 주해 3 •

왕감은 주석에서 다음과 같이 도해(圖解)했다.

△임기경과 △갑신임이 서로 닮은꼴이고 임정과 갑계가 각각의 높이므로 다음이 성립한다.

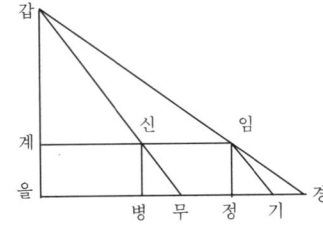

기경 : 임신 = 임정 : 갑계,
(소유율) (소구율) (소유수) (소구수)

기경 : 임신 = 기정 : 신계
(소유율) (소유수) (소구율) (소구수)

그러므로 다음을 얻는다.

갑계 = 임신 × 임정 ÷ 기경,
신계 = 임신 × 기정 ÷ 기경

이제, 각 선분이 대응하는 거리로부터 위의 해법이 유도된다.

지금 장대가 있는데 그 높이는 알지 못한다. 장대로부터 25자 물러 나서 10자의 푯말을 세우고, 푯말 뒤로 5자에 엿보는 구멍이 있는 4 자 푯말을 세우고, 푯말의 끝을 바라보면 장대와 나란히 가지런하다. 장대의 높이는 얼마인가?

今有竿不知其高 從竿脚量距二十五尺 立十尺之表 表後五尺 立四尺 窺穴 望見表端 與竿參齊 問竿高幾何

답   40자

答曰   四十尺

해법   엿보는 구멍을 푯말의 높이에서 빼면 6자를 얻는다. 이를 물러 난 거리에 곱해서 실로 한다. 푯말 뒤를 법으로 해서 나누고, 또 푯말의 높이를 더하면 장대의 높이를 얻는다.
살펴보면 먼 거리가 5×(=30)이므로 높이 6×(=36)을 얻고 다시 엿보는 아래 더하면 장대의 높이를 얻는다.

術曰   以窺穴減表高 得六尺 以乘量距爲實 以表後爲法 除之 又加表 高 得竿高
按距遠五六 得高六六 更加窺下 是得竿高

왕감안   이것은 구고비례술이다. 『구장산술』 구고 설명 가운데 '산이 나무의 서쪽에(구고장 23번째 문제)' 방법이 이것과 같은 종류이다. 지금 그 그림과 설명을 빌어 와서 이 문제를 푼다.

鑑案   此句股比例術也 九章 句股草中 山居木西一術 與此相類

今借其圖說 以解此題

그림과 같이 갑을(甲乙)을 장대의 높이로 하
고, 을정(乙丁)을 물러난 거리로 하면
병임(丙壬)과 같다. 병정(丙丁)은 10
자의 푯말이고 임을(壬乙)과 같다.
정무(丁戊)는 뒤의 표이고 신기(辛
己)와 같다.
기무(己戊)는 4자이고 신정(辛丁)과
같다.
신기(辛己)를 소유율로 하고, 기무(己
戊)를 병정(丙丁)에서 빼고 남은 병신(丙辛)을 소구율로 하며, 병임(丙
壬)을 소유수로 해서 소구수 갑임(甲壬)을 얻는다. 푯말의 높이 임을
(壬乙)을 더하면 갑을(甲乙)을 얻고 장대의 높
이가 된다.

如圖　甲乙爲竿高 乙丁爲量距 等於丙壬
　　　丙丁爲十尺之表 等於壬乙 丁戊爲表後 等於
　　　辛己
　　　己戊爲四尺 等於辛丁
　　　以辛己爲所有率 以己戊減丙丁餘丙辛爲所求
　　　率 丙壬爲今有數 比例
　　　得所求數甲壬 加表高壬乙 得甲乙爲竿高

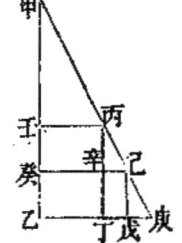

왕김안 직각 삼각형 병신기(丙辛己)와 직각 삼각형 갑임병(甲壬丙)은 닮은꼴
이다. 그러므로 비례가 있다. 앞에서 살펴볼 때 먼 거리가 5(6 (= 30)이
므로 높이 6(6 (= 36)을 얻는다는 것은 기신(己辛)을 있는 비율로 하고
병신(丙辛)을 구하는 비율로 하고 먼 거리 기계(己癸) 30보를 지금 있
는 수로 해서 구하여 얻은 수가 36보이다.

鑑案　丙辛己句股形 與甲壬丙句股形 同式 故有比例
　　　原按 距遠五六 得高六六者

268　산학계몽 하

係以己辛爲所有率 丙辛爲所求率 距遠己癸三十步 爲今有數
求得所求數 三十六步也

이상의 두 풀이에서 말한 비례는 '이승동제문'에 상세하다.
以上 二術 所言比例 詳異乘同除門

❀ • 역자 주해 •

이 문제는 『구장산술』 제9권 「구고」의 제23문과 같은 유형으로, 양휘의 『속고적기산법』에도 등장하는데, 왕감은 『산학계몽술의』의 뒤에서 이 문제를 인용하고 있다.

왕감은 주석에서 다음과 같이 도해(圖解)했다.

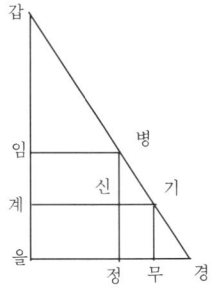

△병신기와과 △갑임병이 서로 닮은꼴이므로 다음이 성립한다.

　신기 ： 병신 ＝ 병임 ： 갑임
　(소유율) (소구율) (소유수) (소구수)

그러므로 다음을 얻는다.

　갑임 ＝ 병임 × 병신 ÷ 신기

이제, 각 선분이 대응하는 거리로부터 위의 해법이 유도된다.

『산학계몽』 하권에서 다룬 다항 방정식

❷ 퇴적환원문

≪하-2-8≫ $x^2+x = 2970$ $x = 54$

≪하-2-9≫ $x^2+6x = 3240$ $x = 54$

≪하-2-10≫ $x^2+8x = 2280$ $x = 44$

≪하-2-11≫ $x^3+3x^2+2x = 91080$ $x = 44$

≪하-2-12≫ $x^3 + \dfrac{3}{2}x^2 + \dfrac{1}{2}x = 88110$ $x = 44$

≪하-2-13≫ $x^3 = 4096$ $x = 16$

≪하-2-14≫ $3x^3+48x^2+339x = 3270$ $x = 5$

❺ 개방석쇄문

≪하-5-1≫ $x^2-4096 = 0$ $x = 64$

≪하-5-2≫ $x^3-17576 = 0$ $x = 26$

≪하-5-3≫ $x^2-950625 = 0$, $x = 975$ $\sqrt{59414\dfrac{1}{16}} = \sqrt{\dfrac{950625}{16}}$

$$y^2 - 16 = 0, \qquad y = 4 \quad \frac{x}{y} = \frac{975}{4} = 243\frac{3}{4}$$

《하-5-4》 $x^3 - 45882712 = 0,\ x = 358 \ \sqrt[3]{133768\frac{288}{343}} = \sqrt[3]{\frac{45882712}{343}}$

$$y^3 - 343 = 0, \qquad y = 7 \quad \frac{x}{y} = \frac{358}{7} = 51\frac{1}{7}$$

《하-5-5》 $x^4 - 705911761 = 0,\ x = 163 \ \sqrt[4]{1129458\frac{511}{625}} = \sqrt[4]{\frac{705911761}{625}}$

$$y^4 - 625 = 0, \qquad y = 5 \quad \frac{x}{y} = \frac{163}{5} = 32\frac{3}{5}$$

《하-5-6》 $x^2 - 784 = 0, \qquad x = 28 \quad \sqrt{588 \times \frac{4}{3}} = \sqrt{784}$

《하-5-7》 $x^2 - 1440000 = 0,\ x = 1200$

$$\sqrt{468\frac{3}{4} \times 12} = \sqrt{\frac{1875}{4} \times 12} = \sqrt{\frac{22500 \times 64}{4 \times 64}} = \sqrt{\frac{1440000}{256}}$$

$$y^2 - 256 = 0, \qquad y = 16 \quad \frac{x}{y} = \frac{1200}{16} = 75$$

천원술 관련

《하-5- 8》 $-x^2 + 92x - 2052 = 0$ $\qquad\qquad x = 38$

《하-5- 9》 $-x^2 + 324 = \ = 0$ $\qquad\qquad x = 18$

《하-5-10》 $x^2 + 25x - 1176 = 0$ $\qquad\qquad x = 24$

《하-5-11》 $x^2 - 6724 = 0,$ $\qquad\qquad x = 82$

《하-5-12》 $1.75x^2 - 2268 = 0,$ $\qquad\qquad x = 36$

《하-5-13》 $7x^2 - 104x - 6156 = 0$ $\qquad\qquad x = 38$ 번법

《하-5-14》 $-16x^2 + 1512x - 35280 = 0$ $\qquad x = 42$

《하-5-15》 $109x^2 - 2288x - 348432 = 0$ $\qquad x = 68$ 번법

《하-5-16》 $x^2+28x-4704=0$ $x=56$

《하-5-17》 $x^2-208x+10647=0$ $x=91$

《하-5-18》 $-47x^2+3960x-56052=0$ $x=18$

《하-5-19》 $0.25x^2-1024=0,$ $x=64$

《하-5-20》 $x^2-3.75x-1=0$ $x=4$ 번법

《하-5-21》 $x^2-17x-3120=0$ $x=65$ 번법

《하-5-22》 $x^4-1496x^2-x+558236=0$ $x=28$

《하-5-23》 $x^4+2256x^2-4264225=0$ $x=35$

《하-5-24》 $3x^2-1032x+68085=0$ $x=89$

《하-5-25》 $2x^2-512=0$ $x=16$

《하-5-26》 $6498x^2+92344x-15340920=0$ $x=42$

《하-5-27》 $9x^4-2736x^2-48x+207936=0$ $x=12$ 번법

《하-5-28》 $3x^3+12x2+18x-765=0$ $x=5$

《하-5-29》 $x^3-76x^2+10192x-181440=0$ $x=20$

《하-5-30》 $x^4+44x^3+484x^2-28224=0$ $x=6$

《하-5-31》 $x^5+122x^4+3721x^3-110592=0$ $x=3$

《하-5-32》 $25x^3+688x^2+8512x-20387136=0$ $x=84$

《하-5-33》 $175x^3+3224x^2+28320x-1995264=0$ $x=16$

《하-5-34》 $5625x^3+59826x^2+339444x-120366432=0$ $x=24$

김용운 · 김용국(1982), 『한국수학사』, 열화당.

김용운 · 김용국(1996), 『중국수학사』, 대우학술총서 · 자연과학 109, 민음사.

차종천 편(2006), 『산경십서 하』, 동양수학대계 II, 교우사.

황윤석 저, 강신원 · 장혜원 역(2006), 『산학입문』, 이수신편 제21권, 교우사.

孔國平(2000), 『李冶朱世杰与金元數學』, 河北科學技術出版社.

李儼 · 杜石然 저, J.N. Crossley · A.W.-C. Lun 역(1987), 『中國 數學 / *Chinese Mathematics - A concise history*』, Clarendon Press.

靖玉樹 編勘(1994), 『中國歷代算學集成 上』, 山東 人民 出版社, 濟南.

Needham, J.(1959), *Science and Civilisation in China* Vol. 3 (Mathematics and the Sciences of the Heavens and the Earth), Cambridge Univ. Press.

Kangshen, S. · Crossley, J.N. · Lun, A.W.-C. Lun(1999), *The Nine Chapters on the Mathematical Art*, Oxford University.